当代世界农业丛书

# 南非农业

蒋和平　崔奇峰　苗润莲 等　著

中国农业出版社
北　京

# 当代世界农业丛书编委会

# 序

## | *Preface* |

2018 年 6 月，习近平总书记在中央外事工作会议上提出"当前中国处于近代以来最好的发展时期，世界处于百年未有之大变局"的重大战略论断，对包括农业在内的各领域以创新的精神、开放的视野，认识新阶段、坚持新理念、谋划新格局具有重要指导意义。农业是衣食之源、民生之基。中国农业现代化取得举世瞩目的巨大成就，不仅为中国经济社会发展奠定了坚实基础，而且为当代世界农业发展提供了新经验、注入了新动力。与此同时，中国农业现代化的巨大进步，与中国不断学习借鉴世界农业现代化的先进技术和成功经验，与不断融入世界农业现代化的进程是分不开的。今天，在世界处于百年未有之大变局、世界经济全球化进程深入发展、中国农业现代化进入新阶段的重要历史时刻，更加深入、系统、全面地研究和了解世界农业变化及发展规律，同时从当代世界农业发展的角度，诠释中国农业现代化的成就及其经验，是当前我国农业工作重要而紧迫的任务。为贯彻国务院领导同志的要求，2019 年 7 月农业农村部决定组织编著出版"当代世界农业丛书"，专门成立了由部领导牵头的丛书编辑委员会，从全国遴选了相关部门（单位）负责人、对世界农业研究有造诣的权威专家学者和中国驻外使馆工作人员，参与丛书的编著工作。丛书共设 25 卷，包含 1 本总论卷（《当代世界农业》）和 24 本国别卷，国别卷涵盖了除中国外的所有 G20 成员，还有五大洲的其他一些农业重要国家和地区，尤其是发展中国家和地区。

在编写过程中，大家感到，丛书的编写，是一次对国内关于世界农业研究力量的总动员，业界很受鼓舞。编委会以及所有参与者表示一定要尽心尽责，把它编纂成高质量权威读物，使之对于促进中国与世界农业国际交流与合作，推动世界农业科研教学等有重要参考价值。但同时，大家也切实感到，至今我国对世界农业的研究基础薄弱，对发达国家（地区）与发展中国家（地区）的农业研究很不平衡，有关研究国外农业的理论成果少，基础资料少，获取国外资料存在诸多不便。编委会、各卷作者、编审人员本着认真负责、深入研究、质量第一的原则，克服新冠肺炎疫情带来的诸多困难。编委会多次组织召开专家研讨会，拟订丛书编写大纲、制订详细写作指南。各卷作者、编审人员千方百计收集资料，不厌其烦研讨，字斟句酌修改，一丝不苟地推进丛书编著工作。在初稿完成后，丛书编委会还先后组织农业农村部有关领导和专家对书稿进行反复审核，对有些书稿的部分章节做了大幅修改；之后又特别请中国国际问题研究院院长徐步、中国农业大学世界农业问题研究专家樊胜根对丛书进行审改。中国农业出版社高度重视，从领导到职工认真负责、精益求精。历经两年三个月时间，在国务院领导和农业农村部领导的关心、指导下，在所有参与者的无私奉献、辛勤努力下，丛书终于付梓与读者见面。在此，一并表示衷心感谢和敬意！

即便如此，呈现在广大读者面前的成书，也肯定存在许多不足之处，恳请广大读者和行业专家提出宝贵意见，以便修订再版时完善。

宗欣荣

2021 年 10 月

# 前　言

|Foreword|

　　南非位于非洲的南部，其农业发展水平位居非洲前列，是农业较发达的国家。南非国土面积121.9万千米²，2018年农业用地面积52 773万公顷，其中可耕地面积1 200万公顷，南非可耕地面积约占本国土地面积的10%。南非水资源贫乏，大量农田需要人工灌溉，种植业条件不具有优势，主要农作物有玉米、小麦、甘蔗、大麦、高粱等。玉米是南非居民的主食和主要出口农产品，全国36%的耕地种植玉米，产量居非洲第一。主要经济作物有甘蔗、向日葵、烟草、棉花等，是世界第十大葵花籽和蔗糖生产国，蔗糖出口量居世界前列。蔬菜主要有番茄、洋葱和马铃薯。水果主要有葡萄、柑橘、菠萝等亚热带果品。酿酒业是农业重要的组成部分，南非是世界第六大葡萄酒生产国，产量占世界的3.2%，所产的葡萄酒在国际上享有盛誉。各类罐头食品、烟、酒、咖啡和饮料质量符合国际标准。南非畜牧业发展具有得天独厚的优势，饲养牲畜主要有牛、绵羊、山羊、猪等。禽类主要有鸵鸟、肉鸡等，鸵鸟产品占世界的80%。南非的肉食自给率达85%，在非洲处于较高水平。南非还是世界第四大绵羊毛出产大国。2019年南非的农业生产总值约占其国内生产总值的3.8%。南非进出口贸易收入中的30%来自农产品或农产品加工，农业大约为南非提供13%的就业机会。因此，农业在南非经济中占有重要的地位，对国家粮食安全保障、农产品出口创汇和农民就业增收发挥着极为重要的作用。

　　南非农业具有鲜明特点，是南部非洲农业的典型代表，所以，弄清楚南非农业发展情况，对了解非洲农业生产和发展具有重要的应用价值和参考价值。

　　本书旨在对南非的农业发展有一个具体而详尽的描述，共设立12章。前十章分专题对南非农业做了系统、全面的介绍分析，全景展现了南非农业的水平和特点。第十一章是中国与南非的农业经贸合作，对中国与南非的双边经贸协议、双边经贸合作情况、双边农产品贸易现状进行分析，同时对中国与南非双边农业合作前景进行分析。第十二章是中国与南非农业合作典型案例，重点介绍了中国—南非农业技术示范中心项目和福建农林大学南非菌草技术推广项目的基本情况、主要做法和取得的成效，为中国与南非开展农业合作提供了参考案例和借鉴模式。

本书由蒋和平教授牵头和统稿，全书的编写分工如下：前言由蒋和平撰写；第一章由崔奇峰、蒋和平撰写；第二章由崔奇峰、蒋和平、吴颖宣撰写；第三章由苗润莲、毛宇斐撰写；第四章由蒋和平、李一璋、艾洪娟撰写；第五章由苗润莲、贺文俊撰写；第六章由苗润莲、孙沫卿撰写；第七章由蒋和平、李一璋、蒋黎撰写；第八章由蒋和平、李一璋、蒋辉撰写；第九章由蒋和平、李一璋、蒋黎、艾洪娟撰写；第十章由蒋和平、李一璋、蒋辉撰写；第十一章由崔奇峰、蒋和平、吴颖宣撰写；第十二章由崔奇峰、林冬梅、姚黎英、蒋和平撰写。中国农业科学院农业经济与发展研究所科研人员以及相关单位研究人员和研究生为课题调研、文献整理、数据处理和全书编写校核付出了辛勤的劳动。对此，表示衷心的感谢。

全书涉及内容多、覆盖范围广，是一部详细介绍南非农业概况和农业发展的学术著作。本书在写作过程中，参考了南非政府网站的相关信息，并吸纳了许多学者的观点和研究成果，这里对相关文献的作者表示衷心的感谢。虽然做了很大的努力，但由于受时间、资料和外文文献收集等方面的限制，加上作者水平和专业知识有限，本书仍有不尽完美之处，恳请各位专家和读者批评指正。

蒋和平

2021 年 10 月

# 目 录

| Contents |

# 第一章 CHAPTER 1
# 南非农业资源与社会经济发展 ▶▶▶

　　非洲各国间的经济发展水平差距巨大，非洲也不乏较为富裕发达的国家，南非就是其中特例。南非是非洲的第二大经济体，自然资源丰富，国民拥有较高的生活水平，经济相比其他非洲国家相对稳定，在相当长的历史时期内，有"非洲经济巨人"之称。

## 第一节　自然资源

　　南非地处南半球，位于非洲大陆的最南端，有"彩虹之国"的美誉，国土面积为 121.9 万千米²，其东、南、西三面被印度洋和大西洋环抱，西北部与纳米比亚为邻，北邻博茨瓦纳，东北部与津巴布韦、莫桑比克、斯威士兰为邻，被其包围的莱索托位于南非东部地区。南非全国划分为 9 个省：北开普省（Northern Cape）、西开普省（Western Cape）、东开普省（Eastern Cape）、西北省（North West）、自由邦省（Free State）、豪滕省（Gauteng）、夸祖鲁-纳塔尔省（Kwazulu‑Natal）、姆普马兰加省（Mpumalanga）和林波波省（Lim-popo）。南非是世界上唯一存在三个首都的国家，比勒陀利亚为行政首都，开普敦为立法首都，布隆方丹为司法首都。约翰内斯堡是南非第一大城市。

　　南非日照充足，全年平均每天日照时数为 7.5～9.5 小时，尤以 4、5 月的日照时间最长，故以"太阳之国"著称。南非气温比南半球同纬度其他国家相对要低，但年均温度仍在 0℃以上，一般在 12～23℃，温差不大，但海拔高差悬殊造成气温的垂直变化。南非的地形总体以高原为主，3/4 以上国土海拔 600 米以上，约 1/2 国土介于海拔 1 000～1 600 米；平原主要在沿海，从东、南、西三面环绕内陆高原，呈狭窄带状。南非降水量偏低，降水主要集中在夏季（每年10月至次年2月），全年降水量由东部的1 000毫米逐渐减少到西部的60毫米。全年平均降水量为464毫米，远低于857毫米的世界平均水平。全国2/3以上的地区气候干旱，水量充沛的河流不多。境内主要河流有两条：一条是自东向西流入大西洋的奥兰治河（The Orange River），全长2 160千米，流域面积约95万千米²；水位季节性变化大，流入大西洋，形成了与纳米比亚的边界；河流上游多急流瀑布，适于发电，下游水量小，无支流，无航运之利，为世界上有名的"客河"之一。另一条是流经与博茨瓦纳、津巴布韦边界并经莫桑比克汇入印度洋的林波波河（The Limpopo River），全长1 680千米，流域面积38.5万千米²，林波波河多险滩，不利航运。南非没有重要的天然湖泊，人工湖主要用于农作物灌溉，地下水是南非许多地区全年供水的唯一可靠来源[①]。

南非森林面积为924.1万公顷，森林覆盖率7.6%，其中，以天然林为主，面积达747.8万公顷，占比80.92%；人工林面积176.3万公顷，占比19.08%。稀树草原是南非最常见的自然景观，面积达到4 000万公顷，约占南非国土面积的1/3[②]。南非有290多个国家公园，这里有近300种哺乳动物，约860种鸟类和8 000种植物。一年一度的沙丁鱼迁徙是地球上最大的动物迁徙。南非有8个世界遗产地：人类的摇篮、马蓬古韦文化景观、里赫特斯费尔德文化及植物景观、罗本岛、开普植物保护区、伊西曼加利索湿地公园、弗雷德福穹顶、马洛蒂-德拉肯斯山脉公园[③]。

南非的矿产资源储量占非洲的50%，居于全球第五位。其铂族金属、黄金资源储量居世界第一位，是世界优质矿物及其制品的最大供应者之一[④]，被称为"黄金之国"，其黄金产量在20世纪长期占据世界第一的位置，在2008年被中国取代[⑤]。

南非是一个能源资源丰富的国家，虽然不产石油，但拥有丰富的煤炭和核能源。南非是非洲的电力大国，其发电量占非洲发电总量的一半以上，不仅能

---

① 中国驻南非大使馆经济商务处. http://za. mofcom. gov. cn/article/ztdy/200307/20030700113414. shtml.

② 福建省林业局马来西亚南非考察团. 赴马来西亚、南非交流合作的出访报告［J］. 福建林业，2019 (6)：19 - 23.

③ 南非政府网站. https://www. gov. za/about - sa/geography - and - climate.

④ 鲍荣华，于艳蕊. 2010年南非矿产资源及其开发利用［J］. 国土资源情报，2011 (11)：20 - 24，35.

⑤ 新浪财经综合. 矿业停产潮凶猛来袭 南非黄金出口被直接切断［EB/OL］. https://finance. sina. com. cn/money/nmetal/hjzx/2020 - 03 - 27/doc - iimxyqwa3511526. shtml.

够满足国内需求，还出口到莫桑比克等六个周边国家。南非的输变电网络四通八达，由于南非前政府实行种族隔离政策，一些黑人居住的乡村至今未通电[①]。

## 第二节　人口资源

2019 年，南非年中人口为 5 878 万，约 51.2% 人口（约 3 000 万）为女性。南非黑人人口数 4 740 万，约占总人口的 81%；白人人口为 470 万；有色人种人口为 520 万；印度/亚洲人口为 150 万。大约 28.8% 的人口年龄在 15 岁以下，大约 9.0%（530 万）的人口年龄在 60 岁以上，随着时间的推移，60 岁及以上老年人的比例正在增加。

## 第三节　社会经济资源

南非财经、法律、通信、能源、交通业较为发达，拥有完备的硬件基础设施和股票交易市场。深井采矿等技术居于世界领先地位。南非农业较为发达，制造业门类齐全，矿业历史悠久，能源工业基础雄厚，旅游业发展迅速。在国际事务中南非保持显著的地区影响力（图 1-1）。

图 1-1　1960—2019 年南非人均 GDP

资料来源：世界银行，https://data.worldbank.org.cn。

① 中国驻南非大使馆经济商务处. http://za.mofcom.gov.cn/article/ztdy/200307/20030700113414.shtml. 南非政府网站. https://www.gov.za/about-sa/geography-and-climate.

## 一、产业基础好

制造业、建筑业、能源业和矿业是南非工业四大部门。南非制造业门类齐全，技术先进，主要产品有钢铁、金属制品、化工、运输设备、机器制造、食品加工、纺织、服装等。

钢铁工业是南非制造业的支柱产业，拥有六大钢铁联合公司、130多家钢铁企业。近年来，纺织、服装等缺乏竞争力的行业萎缩，汽车制造等新兴出口产业发展较快。南非是世界最大的黄金出口国和第二大黄金生产国，因国际市场黄金价格下跌，铂族金属已逐渐取代黄金成为南非最主要的出口矿产品。南非还是世界主要钻石生产国之一，产量约占世界的8.7%。

南非的蔗糖出口量居世界前列，葡萄酒在国际上享有盛誉，绵羊毛产量可观，是世界第四大绵羊毛出口国。南非水产养殖业产量占全非洲的5%。

旅游业是当前南非发展最快的行业之一，产值约占国内生产总值的9%，从业人员达140万人。南非旅游资源丰富，设施完善，旅游点主要集中于东北部和东南沿海地区，生态旅游与民俗旅游是南非旅游业两大增长点。2018年到南非旅游的外国游客达1 047万人次[①]，2019年1月至2019年9月到南非的游客人数减少2.1%，为756万人次[②]。

## 二、外资活跃

外商投资主要来自欧美，尤以欧洲为主。对南非累计投资额中，欧洲占近70%，美洲占近20%。英国是对南非直接投资最多的国家，占40%左右。外资以证券资本为主，直接投资（FDI）较少。在南非拥有资产的外国公司大多集中于采矿、制造、金融、石油加工和销售等部门。2013年南非吸收外国直接投资83亿美元，2014年为58亿美元，2015年锐减为16亿美元，2020年恢复到46亿美元。

---

① 数据来自世界银行，但是世界银行数据单位有误，在此为修正数据单位后的数据。
② 中国新闻网. 南非旅游部：安全因素致游客人数下降引发担忧［EB/OL］. https://www. huanqiu. com/a/a4d1ef/9CaKrnKo4Y4?agt=8%20%E5%8D%8E.

## 三、交通便利

截至 2019 年 1 月，南非铁路总长约 3.41 万千米，其中 1.82 万千米为电气化铁路，有电气机车 2 000 多辆，年度货运量约 1.75 亿吨。由比勒陀利亚驶往开普敦的豪华蓝色客车享有国际盛誉。连接行政首都比勒陀利亚和约翰内斯堡奥立弗·坦博国际机场的高速铁路 2011 年 8 月通车，总长约 80 千米。

南非公路分为国家、省及地方三级。截至 2019 年 1 月，总里程（含各级公路和街道）约 75.5 万千米，其中国家级公路 16 170 千米，年客运量约 450 万人次。

南非海洋运输业发达，约 98% 的出口要靠海运完成，主要港口有开普敦、德班、东伦敦、伊丽莎白港、理查兹湾、萨尔达尼亚和莫塞尔湾。截至 2019 年 1 月，有商船 990 艘，总吨位 75.5 万吨，年港口吞吐量约为 12 亿吨。德班是非洲最繁忙的港口及最大的集装箱集散地，年集装箱处理量达 120 万个。

南非航空公司是非洲最大的航空公司之一，也是世界最大的 50 家航空公司之一。现有 27 个民航机场，其中 11 个是国际机场。每周有 600 多个国内航班和 70 多个国际航班，与非洲、欧洲、亚洲及中东、南美一些国家直接通航，平均年客运量达 1 200 万人次。主要国际机场有奥立弗·坦博国际机场（原约翰内斯堡国际机场）、开普敦国际机场和德班沙卡王国际机场等。

## 四、社会事业相对完善

**1. 电信和信息技术产业发展较快**

南非的电信发展水平列世界第 20 位。南非电信公司 TELKOM 是非洲最大的电信公司，另外两家信息技术公司 DIDATA 和 DATATEC 已在英美市场占有一席之地。其卫星直播和网络技术水平在世界上竞争力较强，南非米拉德国际控股公司（MIH）已垄断了撒哈拉以南非洲的绝大部分卫星直播业务。软件业也开始走向国际市场。

**2. 教育均等化不断推进**

南非因长期实行种族隔离的教育制度，黑人受教育机会远远低于白人。

1995年1月，南非正式实施7～16岁儿童免费义务教育，政府不断加大对教育的投入，教育投资占GDP的比重近年来保持在6%左右，着力对教学课程设置、教育资金筹措体系和高等教育体制进行改革。学制分为学前、小学、中学、大学、研究生5个阶段。截至2019年1月，南非有公立高等院校23所，学生75万人；私立高等学院90所，学生3.5万人；继续教育学院和培训学院150所，学生35万人；中小学27 850所，学生1 214万人。全国有教师36.6万人。著名的大学有：金山大学、比勒陀利亚大学、南非大学、开普敦大学、斯坦陵布什大学、约翰内斯堡大学等。

**3. 私立医院医疗水平较高**

南非的医疗体系大致分为两个平行的系统：公立医疗，是针对普通民众和不愿意购买医疗保险的人建立，有国家拨款，面对80%的普通民众；私立医疗，则是针对购买了医疗保险的高收入者建立，面对20%的富裕阶层。南非约有360个省级公共医院、344家私人医院。

**4. 科技体系较为健全**

政府设立的27个部中有14个部与科技有关。最高科技领导机构分立法和执法两部分，南非议会的科技文艺委员会下设的科技分委会负责科技立法。南非政府行政部门设立的国家科技委员会（也称部长科技委员会）是政府最高的科技领导机构，负责执法。

# 第四节  农业资源面临的约束

## 一、耕地林地资源相对不足，稀树草原资源丰富

### 1. 耕地资源相对不足

2018年南非拥有耕地1 200万公顷，约占国土面积的10%，其余多为牧场和草地。人均耕地约0.21公顷，耕地质量不高，可耕地面积中，仅约300万公顷较肥沃，其余大部分较贫瘠，以黏土、类黏土、风化岩石和砂质土为主，固着性差，易流失。灌溉面积较少，世界银行统计数据显示，2010年和2011年农业灌溉地占农业用地总量的百分比分别为1.59%和1.66%（表1-1）。

南非白人占有国内大量土地，该国最好的土地也在白人手中。白人仅占南

非人口的 8%，却占有超过 70% 的土地。黑人占南非人口 81%，只占全国土地的 4%，土地改革历来是南非难以解决的难题。

表 1-1 2007—2016 年南非耕地面积

| 耕 地 | 2007 年 | 2008 年 | 2009 年 | 2010 年 | 2011 年 | 2012 年 | 2013 年 | 2014 年 | 2015 年 | 2016 年 |
|---|---|---|---|---|---|---|---|---|---|---|
| 耕地面积（万公顷） | 1 260 | 1 280 | 1 266 | 1 253 | 1 203 | 1 250 | 1 250 | 1 250 | 1 250 | 1 250 |
| 人均耕地面积（公顷/人） | 0.26 | 0.26 | 0.25 | 0.24 | 0.23 | 0.24 | 0.23 | 0.23 | 0.23 | 0.22 |
| 耕地占土地面积的比重（%） | 10.39 | 10.55 | 10.44 | 10.33 | 9.92 | 10.30 | 10.30 | 10.30 | 10.30 | 10.22 |
| 农业用地占总土地面积的比重（%） | 79.87 | 80.05 | 79.95 | 79.87 | 79.45 | 79.83 | 79.83 | 79.83 | 79.83 | 79.83 |

资料来源：世界银行，https://data.worldbank.org.cn。

**2. 森林资源覆盖率较低，稀树草原资源丰富**

天然林主要分布在沿海山坡。南非森林面积为 924.1 万公顷，森林覆盖率 7.6%。稀树草原面积达到 4 000 万公顷，约占南非国土面积的 1/3，稀树草原并不纳入天然林统计范畴。2013 年，约有 550 万公顷的稀树草原纳入到保护区，建立了总规模超过 400 万公顷的南非国家公园，成为野生动物的重要栖息地和享誉全球的旅游胜地[①]。

## 二、农业劳动力占比不断下降，农民协会体制相对健全

**1. 南非农业就业人员相对稳定**

从历史数据来看，南非从事农业生产的劳动力在全国就业中的占比不断下降，从 2010 年开始，基本保持在 5% 左右的水平（图 1-2）。2018 年普通家庭调查（GHS）显示，只有 14.8% 的南非家庭参与了某种农业生产活动，在从事农业生产的家庭中，50.6% 的家庭种植谷物，53.3% 的家庭种植水果和蔬菜。全国 48.7% 的家庭饲养牲畜，36.6% 的家庭饲养家禽。只有 10.0% 的涉农家庭在调查前一年得到了政府的涉农支持。在全国范围内，只有不到 2%（1.3%）的家庭报告接受了农技培训，6.3% 的家庭接受了家畜疫苗接种服务[②]。2019 年 7—9 月，农业部门总计雇佣了 88 万名劳动力[③]。

---

① 福建省林业局马来西亚南非考察团. 赴马来西亚、南非交流合作的出访报告 [J]. 福建林业，2019（6）：19-23.

② 南非政府网. https://www.gov.za/about-sa/agriculture.

③ 南非华人网. 农业部门 2020 年发展前景可观 [EB/OL]. http://www.nanfei8.com/news/caijingx-inwen/2019-12-25/65182.html.

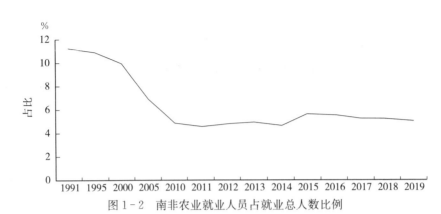

图 1-2　南非农业就业人员占就业总人数比例

资料来源：世界银行，https://data.worldbank.org.cn。

**2. 农民协会组织比较健全，运行机制基本稳定**

南非农民协会在中央一级设总会，对应国家农业部门，与政府非隶属而是对话关系，主要职责是反映农业生产中遇到的问题和农民需求，寻求政府的支持和帮助。

### 三、农业用水不断增加，地下水是唯一可靠来源

南非没有重要的天然湖泊，人工湖主要用于农作物灌溉，地下水是南非许多地区全年供水的唯一可靠来源[①]。农业用水量呈逐年上升趋势，2013 年比 2000 年农业用水量为 77.91 亿米$^3$，之后逐年提升至 96.91 亿米$^3$。

### 四、农机使用水平不高，主要依靠进口

在撒哈拉以南非洲地区，有 3/4 的农民使用手工工具来耕地，且仅有 5% 左右的土地使用拖拉机耕地，导致农业生产率低下[②]。南非的主要农机设备为拖拉机、联合收割机、打捆机。2006 年，南非的农机设备市场规模大约价值 1.71 亿美元，其中拖拉机占 60% 的市场份额，其次是联合收割机和打捆机。南非的农业设备主要依靠进口，2012—2018 年，以拖拉机和联合收割机为代

---

①　中国驻南非大使馆经济商务处. http://za.mofcom.gov.cn/article/ztdy/200307/20030700113414.shtml.
②　中非贸易研究中心. 非洲农业机械化将大力推动中国农机出口［EB/OL］. https://www.sohu.com/a/258331412_590014.

表的南非农机销售量的复合年增长率接近 3.0%，销售增长因素包括政府在补贴方面的支持增加、投入成本下降和技术发展等①。联合国粮农组织和非洲联盟 2018 年 10 月 5 日发布了新的框架文件——《可持续农业机械化：非洲框架》，其宗旨是通过帮助非洲各国制定农场可持续机械化战略，提高农业效率，并减少使用体力劳动②，以推动非洲农业机械化进程。

---

① 中非贸易研究中心. 南非农机市场未来增长趋势分析［EB/OL］. http://news. afrindex. com/zix-un/article11621. html.

② 中非贸易研究中心. 南非农机市场未来增长趋势分析［EB/OL］. http://news. afrindex. com/zix-un/article11621. html.

# 第二章 CHAPTER 2
## 南非农业生产 ▶▶▶

南非农业较为发达，农业、林业、渔业就业人数约占人口的 7%，其农产品出口收入占非矿业出口收入的 15%。可耕地约占土地面积的 10%，其中适于耕种的高产土地仅占 22%。南非是南部非洲最具粮食安全的国家，发展农业被视为解决贫困和振兴农村经济的最佳途径①。

## 第一节 农业生产特点

### 一、南非农业物产丰富

玉米是南非最重要的粮食作物。南非的畜牧业较发达，主要集中在西部地区。牲畜种类主要包括牛、绵羊、山羊、猪等，禽类主要有鸵鸟、肉鸡等。主要产品有禽蛋、牛肉、鲜奶、奶制品、羊肉、猪肉、绵羊毛等。所需肉类85%可以自给，15%从纳米比亚、博茨瓦纳、斯威士兰等邻国和澳大利亚、新西兰及一些欧洲国家进口。绵羊毛产量可观，是世界第四大绵羊毛出口国。水产养殖业产量占全非洲 5%。海洋渔业主要捕捞种类为淡菜、鳟鱼、牡蛎和开普无须鳕鱼，每年捕捞量约 58 万吨，产值近 20 亿兰特。此外，南非养蜂业年产值约 2 000 万兰特②。

---

① 中国驻南非大使馆经济商务处. 南非干旱给农业部门造成了数十亿兰特损失 [EB/OL]. http://za. mofcom. gov. cn/article/jmxw/201911/20191102912832. shtml.

② 中国外交部. 南非国家概况 [EB/OL]. https://www. fmprc. gov. cn/web/gjhdq_676201/gj_676203/fz_677316/1206_678284/1206x0_678286/t9441. shtml.

## 二、农作物产区集中

南非农业地区差异十分明显，每个地区都因地理条件、资源条件的不同而形成了鲜明特色。比如，南非是非洲最大的养羊国，东开普省是主要产区，所生产羊毛的 90％ 用于出口。西南部的西开普省是南非水果的集中产区，但西开普省南部偏远的农业小镇，黑人为了生存，种植了大量玉米和少量水稻。南非最重要的作物玉米主要集中在西北省，自由邦省的西北部、北部和东部，姆普马兰加省高海拔草原（海拔 1 300 米以上）以及夸祖鲁-纳塔尔地区。小麦在南非是仅次于玉米的重要粮食作物，产区主要在冬季降水较多的西开普省、西北省、北开普省和自由邦省（该省的产量最高，但因气候原因，年度产量变化幅度较大）。西开普省西南部属于地中海式气候区，其降水量稳定，冬季温和多雨，为小麦的生长提供了优越的条件，是小麦最为稳定的产区，素有"小麦谷仓"之称。在其他粮食作物中，大麦、黑麦、燕麦等播种面积均不大，而且大多集中在西南部地中海气候区种植。南非的棉花种植主要分布在北方各省份。南非是世界第十大产糖国，其甘蔗主要集中于沿海无霜冻地区及夸祖鲁-纳塔尔省沿海的湿润地区。另外，还有 10％ 左右的甘蔗，种植在姆普马兰加省南部的灌溉农业地区。南非的肉牛产区主要分布在东开普省，东开普省有大面积肥沃的草场资源，以及较为完善的肉牛产业链，为肉牛产业的进一步发展奠定了良好的基础[①]。

## 三、南非农业发展面临的问题和困难

### （一）农业对 GDP 的贡献下降，并伴随着日益加剧的粮食安全问题

农业发展势头不足，农业 GDP 年增长率自 2015 年来大部分年份（除 2017 年外）为负数，2016 年低至－10.08％，2018 年为－4.75％。农业 GDP 在全国 GDP 中的占比稳中略有下降，到 2018 年为 2.18％（图 2-1）。到 2013 年，南非还有 1 200 万人食不果腹，约占全国总人口的 22.7％[②]。2016 年 7 月，

---

① 邓蓉，许尚忠. 南非肉牛考察报告（一）［J］. 饲料与畜牧，2019（12）：23-27.
② 中国商务部. 南非农业：粮食安全问题严重，鼓励开发渔业资源［EB/OL］. http://www.mofcom. gov. cn/article/i/jyjl/k/201306/20130600151237. shtml.

全球粮食安全指数（GFSI）报告显示，南非的粮食安全指数全球排名为47名，是撒哈拉以南非洲中粮食安全状况最好的国家。南非粮食安全的最大制约因素是南非GDP增长乏力，农民较难获得资金，以及膳食中维生素A摄取不足等[①]。2018年的一次调查显示，南非有将近1 400万人口、相当于23.8%的人口面临食品不安全的问题。

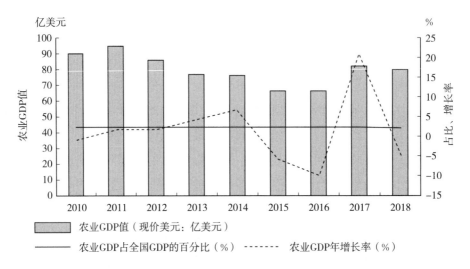

图2-1 南非农业GDP变化

资料来源：世界银行，https://data.worldbank.org.cn。

### （二）南非农业具有鲜明的二元结构

南非国内存在着两种截然不同的农业生产机制，其生产内容、水平、特点都存在着巨大的差异。一方面是少数白人农场主经营的发达的、高度商品化、机械化的大型农牧场，提供南非农业总产值的90%以上；另一方面是黑人长期自给自足、仅能维持生计的传统农业。南非政府继承下来的是一种极不平等的土地所有制结构。种族隔离统治时期的土地法令将86%的土地给了白人，其农场规模大都超过1 000公顷，广大的黑人被排挤到土地贫瘠的"保留地"，黑人地区人均占有可耕地仅为0.1公顷[②]。

---

① 中国商务部. 南非粮食安全排名全球第47位 最大制约因素为GDP增长乏力[EB/OL]. http://www.mofcom.gov.cn/article/i/dxfw/gzzd/201607/20160701369189.shtml.

② 云南省曲靖农业学校世行贷款云南职教项目——生物群专业考察团. 埃及、南非考察学习报告[EB/OL]. http://www.qjnx.com/shdk/info/1006/1084.htm.

### （三）南非的土地问题将长期存在

种族隔离制度取消后，南非进行了土地改革，其主要政治目标是到 2014 年确保 30％ 的农业用地转让给黑人。但是政策的实施并不理想，转让速度非常缓慢，到 2002 年只有 4.3％ 的农业用地回到黑人手中[①]。近年来，土地改革工作一直是南非政府的核心工作之一。2017 年 12 月，南非非洲人国民大会在全国代表大会上通过了无偿征收土地的决定，并在 2018 年 2 月议会投票中支持无偿征地的动议[②]。土地征收的前提是不影响农场正常运转和国家粮食安全，主张用对话而非暴力、法制而非强制、民主而非迫害的方式来解决矛盾。只有进行全面土改，才能让更多土地得到充分利用，鼓励数百万南非人参与到农业生产过程中[③]。

### （四）南非农业饱受干旱困扰

水源不足，干旱一直是困扰南非农业的一个不利因素。尽管通常是局部干旱，但作为一个水资源贫乏的国家，南非农业仍然饱受干旱的困扰。干旱严重影响到农业生产，粮食播种经常陷于停顿，造成粮食严重减产。在 2002 年的厄尔尼诺现象中，南非遭遇严重旱灾，整个夏粮区的播种工作几乎陷于停顿，11 月的旱灾，尤其是对西北省和自由邦省的影响很大。2004 年 12 月，南非大多数地区遭受了持续的严重旱灾，干旱导致南非粮食严重减产，并影响到周边国家。2007 年南非国内遭遇 15 年来最为严重的干旱，玉米遭到重创。通常为玉米净出口国的南非已经开始进口玉米[④]。2015 年是 1904 年有记录以来的最干旱一年，损害农作物以及牲畜，玉米产量跌至 2008 年以来最低，其中西北省、夸祖鲁-纳塔尔省和姆普马兰加省旱情最为严重。持续干旱造成斯瓦特兰等主产区小麦作物严重受灾，1 月国内麦价飙升至历史最高，拉动食品价格上涨。2018 年干旱影响了南非中南部的多个省份，为 23 年来最严重的一次。全国六成以上的河流用水过度，其中近四分之一河流处于严重缺水状况。西开普

---

① 朱峰. 后殖民生态视角下的《耻》[J]. 外国文学研究，2013（1）：50 - 54.

② 新华网. 南非执政党决定支持修改宪法以无偿征收土地［EB/OL］. http://www.xinhuanet.com/ 2018 - 08/01/c_1123209521.htm.

③ 南非将无偿征用白人土地［EB/OL］. https://hzdaily.hangzhou.com.cn/hzrb/2018/08/02/article_ detail_1_20180802A0510.html.

④ 2002—2013 年数据转引自：雷步云，等. 基于 SDI 指数的南非共和国 2001—2014 年干旱监测时空分布［J］. 干旱区地理，2016（3）：395 - 404.

省是此次干旱的重灾区，开普敦的旱情更是"四百年一遇"。2019 年的干旱威胁着南非农民的生计，到 11 月已导致数千头牲畜死亡，农民种植玉米、大豆、向日葵、高粱和花生等夏季作物的进度也十分缓慢[①]。

## 第二节  种植业生产

南非的主要粮食作物有玉米、小麦、大麦和高粱等，其中玉米是最重要的粮食作物。

### 一、粮食作物

#### （一）玉米

玉米是南非种植最广泛的作物（FAO，2018），南非是南部非洲主要的玉米生产国。玉米是南非居民的主食，玉米及其产品供应量为 250～300 克/（天·人）（FAO，2018）[②]。2000 年以来，虽然玉米的种植面积有所波动，但基本稳定在 250 万～300 万公顷，年产量在 700 万～1 700 万吨，其中，最高产量发生在 2016 年，玉米总产量达到 1 755 万吨。玉米主要用于本国人口消费，一部分用于出口，主要出口到邻国，还有一部分则用于动物饲料。南非大部分年份为玉米净出口国，2000—2018 年，年平均净出口 179 万吨；2018 年出口量为 145 万吨；2020 年，南部非洲地区有大量的玉米供应，其中南非至少有 270 万吨玉米供出口，同比增长 89%，有助于填补肯尼亚和其他非洲国家由于蝗灾导致的玉米短缺[③]（图 2-2）。南非玉米单产呈现缓慢提高的态势，到 2018 年单产达 4 550 千克/公顷（图 2-3、表 2-1）。小农生产者曾经是南非玉米的主要生产来源，1942 年，小农户的玉米产量占玉米总产量的 20.6%，小农户种植面积占玉米总面积的 40.6%；但是到了 2015 年，小农户的玉米产

---

① 中国驻南非大使馆经济商务处. 南非干旱给农业部门造成了数十亿兰特损失［EB/OL］. http://za. mofcom. gov. cn/article/jmxw/201911/20191102912832. shtml.

② FAO. FAOSTAT database［DB］. http://www. fao. org/faostat/en/# data. 转引自：Stephanus J. Haarhoff Theunis N. Kotzé Pieter A. Swanepoel，A prospectus for sustainability of rainfed maize production systems in South Africa［J］. Crop Science，2020（60）：14-28.

③ 中国驻南非大使馆经济商务处. 南非或将从东非蝗灾中获益［EB/OL］. http://za. mofcom. gov. cn/article/jmxw/202007/20200702980494. shtml.

量和种植面积占比分别下降为 13.0% 和 6.3%[①]。南非的玉米生产系统采用不可持续的生产管理方法。玉米单一栽培和休耕使得土壤退化成为一种常见现象，土壤有机质和营养物质正在风和水的侵蚀作用下不断流失[②]。

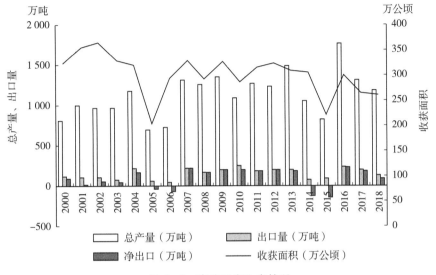

图 2-2　南非玉米生产情况

资料来源：USDA 数据库。

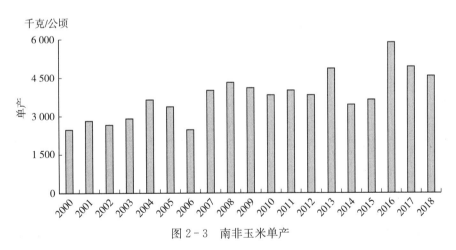

图 2-3　南非玉米单产

资料来源：USDA 数据库。

　　① Jan C. Greyling，Philip G. Pardey. Measuring Maize in South Africa：The Shifting Structure of Production During the Twentieth Century，1904—2015 [EB/OL]. Agrekon，DOI：10. 1080/03031853. 2018. 1523017.

　　② Stephanus J. Haarhoff Theunis N. Kotzé Pieter A. Swanepoel，A prospectus for sustainability of rainfed maize production systems in South Africa [J]. Crop Science，2020（60）：14-28.

表 2-1　南非玉米生产情况

| 年份 | 播种面积<br>（万公顷） | 总产量<br>（万吨） | 进口量<br>（万吨） | 出口量<br>（万吨） | 净出口<br>（万吨） | 单产<br>（千克/公顷） |
|---|---|---|---|---|---|---|
| 2000 | 322.5 | 804 | 40 | 128 | 89 | 2 490 |
| 2001 | 353.3 | 1 005 | 92 | 107 | 15 | 2 850 |
| 2002 | 365.0 | 968 | 44 | 110 | 66 | 2 650 |
| 2003 | 330.0 | 970 | 22 | 73 | 51 | 2 940 |
| 2004 | 322.3 | 1 172 | 36 | 214 | 178 | 3 640 |
| 2005 | 203.2 | 694 | 93 | 55 | －38 | 3 410 |
| 2006 | 290.0 | 730 | 112 | 47 | －65 | 2 520 |
| 2007 | 330.0 | 1 316 | 3 | 216 | 214 | 3 990 |
| 2008 | 289.6 | 1 257 | 3 | 167 | 164 | 4 340 |
| 2009 | 326.3 | 1 342 | 0 | 206 | 206 | 4 110 |
| 2010 | 285.9 | 1 092 | 42 | 245 | 203 | 3 820 |
| 2011 | 314.2 | 1 276 | 1 | 181 | 180 | 4 060 |
| 2012 | 323.8 | 1 237 | 8 | 206 | 198 | 3 820 |
| 2013 | 307.6 | 1 493 | 7 | 196 | 189 | 4 850 |
| 2014 | 304.8 | 1 063 | 196 | 69 | －127 | 3 490 |
| 2015 | 221.3 | 821 | 224 | 84 | －140 | 3 710 |
| 2016 | 299.6 | 1 755 | 0 | 229 | 229 | 5 860 |
| 2017 | 263.4 | 1 310 | 17 | 207 | 190 | 4 980 |
| 2018 | 259.7 | 1 182 | 51 | 145 | 94 | 4 550 |

资料来源：USDA 数据库。

## （二）小麦

小麦是南非第二大主要谷类粮食作物，平均年产量为 239 万吨，远低于消费需求。为弥合消费缺口，南非小麦进口逐年递增，2017 年更是高达 229 万吨，年均进口量超过 100 万吨。近年来南非小麦播种面积呈现下降趋势，到 2018 年仅为 50.3 万公顷，比 2000 年下降了 45%，在可预见的未来南非仍然是小麦净进口国。南非小麦单产一直处于波动状态，2018 年单产水平达 3 710 千克/公顷（图 2-4、图 2-5、表 2-2）。

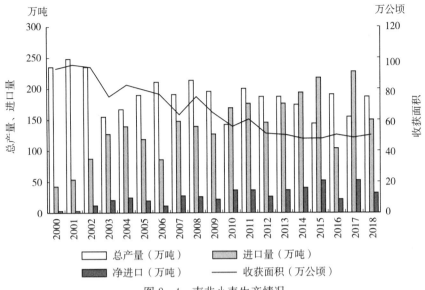

图 2 - 4　南非小麦生产情况

资料来源：USDA 数据库。

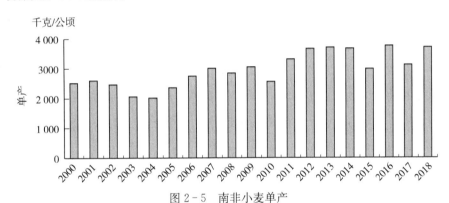

图 2 - 5　南非小麦单产

资料来源：USDA 数据库。

表 2 - 2　南非小麦生产情况

| 年份 | 播种面积<br>（万公顷） | 总产量<br>（万吨） | 进口量<br>（万吨） | 出口量<br>（万吨） | 净进口量<br>（万吨） | 单产<br>（千克/公顷） |
|---|---|---|---|---|---|---|
| 2000 | 93.4 | 235 | 44 | 20 | 24 | 2 520 |
| 2001 | 95.9 | 249 | 56 | 38 | 18 | 2 600 |
| 2002 | 94.1 | 232 | 87 | 31 | 56 | 2 470 |
| 2003 | 74.8 | 154 | 128 | 38 | 90 | 2 060 |
| 2004 | 83.0 | 168 | 140 | 32 | 107 | 2 020 |
| 2005 | 80.0 | 189 | 121 | 28 | 93 | 2 360 |
| 2006 | 76.5 | 211 | 87 | 32 | 55 | 2 750 |
| 2007 | 63.2 | 191 | 148 | 34 | 114 | 3 010 |
| 2008 | 74.8 | 213 | 140 | 38 | 103 | 2 850 |

（续）

| 年份 | 播种面积<br>（万公顷） | 总产量<br>（万吨） | 进口量<br>（万吨） | 出口量<br>（万吨） | 净进口量<br>（万吨） | 单产<br>（千克/公顷） |
|---|---|---|---|---|---|---|
| 2009 | 64.2 | 196 | 128 | 32 | 96 | 3 050 |
| 2010 | 55.8 | 143 | 170 | 18 | 153 | 2 560 |
| 2011 | 60.5 | 201 | 177 | 29 | 149 | 3 310 |
| 2012 | 51.1 | 187 | 146 | 30 | 115 | 3 660 |
| 2013 | 50.5 | 187 | 177 | 27 | 151 | 3 700 |
| 2014 | 47.7 | 175 | 193 | 29 | 164 | 3 670 |
| 2015 | 48.2 | 144 | 217 | 7 | 210 | 2 990 |
| 2016 | 50.8 | 191 | 105 | 11 | 94 | 3 760 |
| 2017 | 49.2 | 154 | 229 | 11 | 218 | 3 120 |
| 2018 | 50.3 | 187 | 150 | 13 | 137 | 3 710 |

资料来源：USDA 数据库。

### （三）高粱和燕麦

高粱和燕麦播种面积和产量波动中下降。从图 2-6 可以看出，南非的高粱生产情况极不稳定，播种面积大起大落，近年来高粱种植面积降至 2017 年的 2.9 万公顷，虽然 2018 年有所回升至 5.0 万公顷，远不及历史最高水平，产量水平也降至 10 万～20 万吨水平。燕麦播种面积和产量都不高，产量降至 2017 年的 2.3 万吨，2018 年虽然有所恢复，依然是历史较低生产水平；播种面积也下降到 2017 年的 1.5 万公顷。就单产来看，2018 年南非高粱单产水平为 2 700 千克/公顷，燕麦单产水平为 1 650 千克/公顷（图 2-7）。

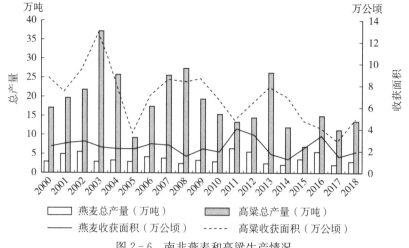

图 2-6 南非燕麦和高粱生产情况

资料来源：USDA 数据库。

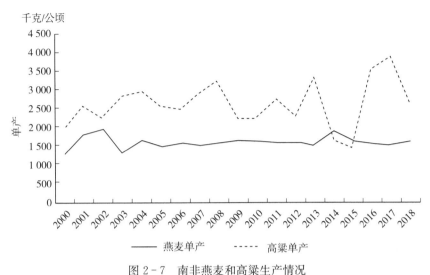

图 2-7 南非燕麦和高粱生产情况

资料来源：USDA 数据库。

## 二、油料作物

南非的主要油料作物是葵花籽和大豆。

### （一）葵花籽

南非是世界十大葵花籽产地之一，主要分布在姆普马兰加省高草原、西北省和自由邦省。2000 年以来，葵花籽的产量和种植面积处于波动状态，在2011 年被大豆赶超成为第二大油料作物，近三年播种面积和产量齐降，2018年分别为 51.5 万公顷和 67.8 万吨。单产水平 2018 年为 1 320 千克/公顷。2000 年以来，除个别年份净进口值为负数外，大部分年份需要依靠进口来满足国内需求（图 2-8、图 2-9、图 2-10）。

### （二）大豆

大豆在 2011 年超过葵花籽成为南非第一大油料作物，收获面积和总产量总体呈现上升态势。2017 年大豆达到了 73.1 万公顷和 154 万吨的高产水平，虽然 2018 年有所下降，依然保持较高生产水平，单产达 1 600 千克/公顷。大豆净进口的数据波动较大，表现为某些年份有大量进口，如 2012—2016 年，而某些年份又大量出口，如 2007—2011 年（图 2-8、图 2-9、图 2-10）。

### （三）花生

花生的收获面积及产量较少，且不断下降，到 2018 年分别为 2.0 万公顷和 2.6 万吨的生产水平，产量仅为 2000 年的 16%。单产水平 2018 年为 1 300 千克/公顷。与葵花籽的情况较为类似，仅有少部分年份出口大于进口，大部分年份需要通过进口满足国内需求（图 2-8、图 2-9、图 2-10）。

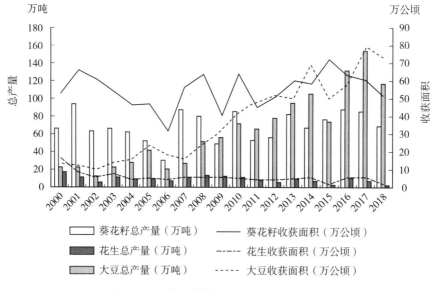

图 2-8 南非油料作物收获面积和产量情况

资料来源：USDA 数据库。

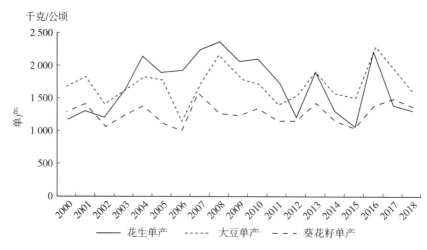

图 2-9 南非油料作物单产情况

资料来源：USDA 数据库。

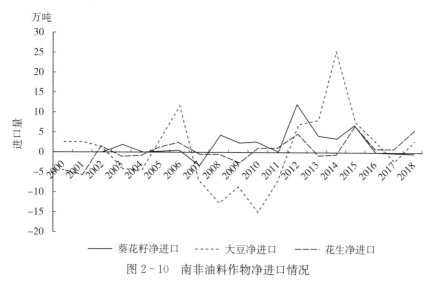

图 2-10 南非油料作物净进口情况

资料来源：USDA 数据库。

## 三、甘蔗和蔗糖

甘蔗是姆普马兰加省和夸祖鲁-纳塔尔省的一种重要作物，在这两个种植甘蔗的省份，甘蔗收入占了近 50％的农田作物收入。南非收获的甘蔗大约有75％是种植在旱地（依靠降水），25％是种植在灌溉区，因此甘蔗生产倍受干旱的影响。除了旱地之外，一些灌溉区也因限制用水而受到影响。12 月到次年 3 月是最需要降水的季节，这段时间作物生长旺盛，对水分的需求也很大，每年大约需要 800 毫米。然而从 2014 年以来，南非种植甘蔗的大部分地区的降水量非常低[①]。

南非是世界上高品质糖生产成本最具竞争力的国家之一，其制糖业在全球约 120 个制糖国家中名列前 15 位。这是一个多样化的产业，该产业结合了甘蔗种植的农业活动、原糖和精制糖、糖浆、特殊糖副产品的生产。大约有23 000 名注册的甘蔗种植者种植甘蔗，糖由 6 家制糖公司和 14 家在甘蔗种植区经营的糖厂生产，食糖平均生产量为 230 万吨/榨季[②]。然而自 1992 年以来，干旱困扰南非东部和中部，在 2016 年食糖产量减少为 160 万吨/榨季，2018 年恢复到 225.7 万吨/榨季。不过尽管价格下跌，依然有足够的食糖满足

---

①② South African sugar industry Directory 2019/2020.

南非国内市场的需求，且大量出口，2000 年以来年均出口量占总产量的比重为 37.14%。近年来，巴西廉价蔗糖大量涌入南非，对南非蔗糖产业形成了冲击，大量廉价进口白糖导致南非损失数万个就业岗位，月损失额达数千万兰特[①]（图 2 - 11）。

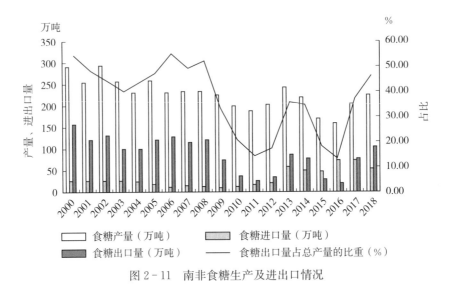

图 2 - 11　南非食糖生产及进出口情况

资料来源：USDA 数据库。

## 四、棉花

2000 年以来，南非棉花收获面积呈现 U 形趋势，先降后升，至 2018 年恢复到 4.2 万公顷，国内棉花产量整体保持在 30 万吨以下。长期干旱导致更多农民从灌溉土地转向旱地棉花种植[②]。由于制造业是南非的支柱产业，棉花外贸依存度较大，但是净进口数值快速下降，到 2018 年转变为净出口 7 万吨棉花。棉花单产呈现两阶段特点，第一阶段是从 2000—2011 年，单产水平不断提高，2011 年为 988 千克/公顷；第二阶段为 2012—2018 年，单产水平从 2012 年下降为 610 千克/公顷逐步回升到 2018 年的 1 128 千克/公顷（图 2 - 12、图 2 - 13）。

---

① 雨果网. http://news. afrindex. com/zixun/article5181. html.

② 中非贸易研究中心. 南非纺织业现状［EB/OL］. http://news. afrindex. com/zixun/article12002. html.

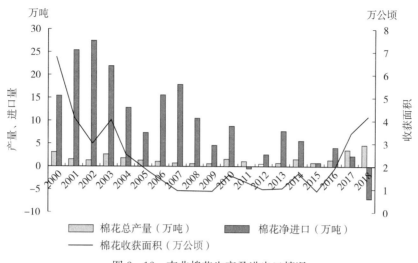

图 2-12 南非棉花生产及进出口情况

资料来源：USDA 数据库。

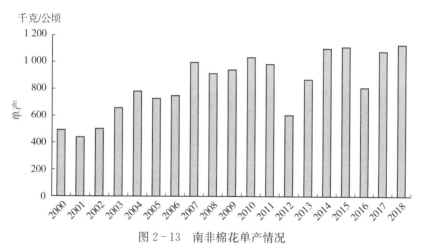

图 2-13 南非棉花单产情况

资料来源：USDA 数据库。

## 五、水果业

### （一）概况

南非水果资源十分丰富，全年每个月都是水果产季，在北半球水果供应较为不足的1月，南非就有杏、桃子、李子、梨、苹果、荔枝、芒果和菠萝上市；橘子产季在3—10月，橙子产季在4—11月，柠檬在3—8月，葡萄柚在4—9月，提子则可以从10月供应到次年5月，牛油果供应期为2—9月，石榴为 2—6 月，而菠萝除 9 月外，几乎可以全年供应。从水果产区来看，南非中部和西北部出产水果较少，除此之外的大部分区域都有水果种植，特别是南部海岸地区水果资源更为丰富。提子产区主要集中在西北、西南和东北部，柑橘类种植分布较广，仅西北部和中部地区暂时没有种植。

### （二）葡萄和葡萄酒

南非葡萄园大部分都集中在西开普省西部大西洋沿岸地区，是鲜食葡萄的十大出口国之一，2017 年的产值达到 5.4 亿美元。另外，据亚洲水果国际果蔬大会公布的数据，中国 2017 年的鲜食葡萄进口量达到 23.3 万吨，其中从南非进口占 4%，约 9 320 吨。虽然在总量上并不占据主导地位，但是南非鲜食葡萄却以多样化、适应中高端市场需求而闻名[1]（图 2-14、表 2-3）。

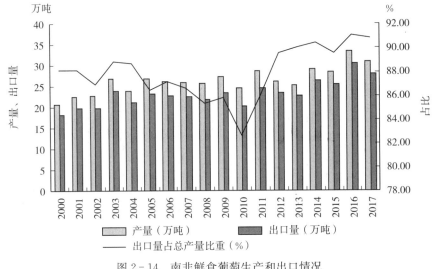

图 2-14　南非鲜食葡萄生产和出口情况

资料来源：USDA 数据库。

南非是世界上六大葡萄产区之一，南非的葡萄酒产量占世界总产量的 3%[2]。它的主要葡萄酒生产区分布在开普地区。因为这里距离海岸线最近，年降水量可以达到 1 000 毫米，非常适合葡萄生长。由于不同地理位置的气候条件差异大，南非葡萄酒产区又分为 5 个地理大区，分别为：西海岸线上的北

① 南非鲜食葡萄品种有哪些？青提、红提、黑提共 20 种以上 [EB/OL]. https://baijiahao. baidu. com/s?id=1616984449232976607&wfr=spider&for=pc.

② 百度百科. https://baike. baidu. com/item/.

开普区和西开普区，东海岸线上的东开普区和夸祖鲁-纳塔尔区，以及东北部的林波波区。南非的葡萄酒行业有 3 种类型的生产商：合作社、酒庄和批发商。合作社生产、销售葡萄酒，也卖酒给批发商；酒庄往往从葡萄种植到酿造都亲力亲为，规模较小但品质优秀；批发商则直接购买葡萄或者合作社生产的成酒，以自己的名义出售[①]。

表 2-3 南非鲜食葡萄生产和贸易情况

单位：吨、%

| 年份 | 鲜食葡萄产量 | 鲜食葡萄进口 | 鲜食葡萄出口 | 鲜食葡萄净出口 | 鲜食葡萄出口量占总产量比重 |
|---|---|---|---|---|---|
| 2000 | 206 389 | 0 | 181 834 | 181 834 | 88.10 |
| 2001 | 223 559 | 300 | 197 000 | 196 700 | 88.12 |
| 2002 | 227 904 | 500 | 198 200 | 197 700 | 86.97 |
| 2003 | 268 225 | 600 | 238 300 | 237 700 | 88.84 |
| 2004 | 237 633 | 940 | 210 800 | 209 860 | 88.71 |
| 2005 | 267 169 | 1 216 | 230 900 | 229 684 | 86.42 |
| 2006 | 260 678 | 1 567 | 227 300 | 225 733 | 87.20 |
| 2007 | 258 773 | 1 447 | 224 100 | 222 653 | 86.60 |
| 2008 | 255 284 | 1 960 | 217 900 | 215 940 | 85.36 |
| 2009 | 273 372 | 2 329 | 234 600 | 232 271 | 85.82 |
| 2010 | 245 112 | 2 300 | 202 500 | 200 200 | 82.62 |
| 2011 | 285 810 | 3 600 | 245 800 | 242 200 | 86.00 |
| 2012 | 261 883 | 4 600 | 234 500 | 229 900 | 89.54 |
| 2013 | 251 500 | 4 700 | 226 400 | 221 700 | 90.02 |
| 2014 | 291 442 | 5 600 | 263 500 | 257 900 | 90.41 |
| 2015 | 284 739 | 6 300 | 255 000 | 248 700 | 89.56 |
| 2016 | 334 284 | 7 300 | 304 300 | 297 000 | 91.03 |
| 2017 | 307 541 | 7 900 | 279 400 | 271 500 | 90.85 |

资料来源：USDA 数据库。

2000 年以来，南非葡萄酒产量整体上稳步增加，2018 年比 2000 年的 69 万吨产量增加了 75.69%。从图 2-15 中可以看出，2018 年较上年产量有一个明显的下降，据南非葡萄酒行业信息与系统中心统计数据，受干旱灾害影响，2018 年南非葡萄酒产量比上年减产 15%，为 122.092 万吨[②]。葡萄酒出口量大且整体增长趋势明显，2018 年是 2000 年的 3.43 倍，达到 53 万吨，占当年葡萄酒产量的 43.41%。

---

① 南非葡萄酒产区（一）[EB/OL]. https://www.sohu.com/a/25836443_228012.
② 2018 南非葡萄酒产量报告出炉：比预计高 [EB/OL]. https://www.winesou.com/news/world_news/138225.html.

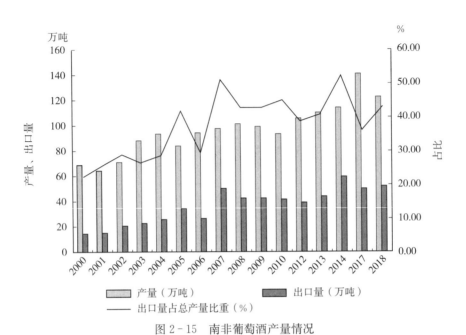

图 2-15 南非葡萄酒产量情况

资料来源：2000—2014 年数据来自 FAO 数据库，2017 年和 2018 年数据来自 https://www.winesou.com/news/world_news/138225.html。

### （三）柑橘

南非柑橘出口量占水果出口总量的 1/3。中国是南非柑橘出口的第二大国，占总出口量的 40%，其次是荷兰；之后依次是俄罗斯、沙特阿拉伯和阿拉伯联合酋长国[①]。2018 年南非柑橘出口量突破 110 万吨，柑橘出口量占柑橘总产量的比重高达 74.59%，比 2000 年产量增长 42.09%（图 2-16、表 2-4）。

表 2-4 南非柑橘生产和贸易情况

单位：吨、%

| 年份 | 柑橘产量 | 柑橘进口量 | 柑橘出口量 | 柑橘净出口 | 柑橘出口量占总产量比重 |
|---|---|---|---|---|---|
| 2000 | 1 119 000 | 6 000 | 676 000 | 670 000 | 60.41 |
| 2001 | 1 263 000 | 6 000 | 715 000 | 709 000 | 56.61 |
| 2002 | 1 148 000 | 6 000 | 726 000 | 720 000 | 63.24 |
| 2003 | 1 113 000 | 8 000 | 717 000 | 709 000 | 64.42 |

---

① 中非贸易研究中心. 中国成为南非水果的主要进口国［EB/OL］. http://news.afrindex.com/zixun/article11807.html.

（续）

| 年份 | 柑橘产量 | 柑橘进口量 | 柑橘出口量 | 柑橘净出口 | 柑橘出口量<br>占总产量比重 |
|---|---|---|---|---|---|
| 2004 | 1 038 000 | 8 000 | 710 000 | 702 000 | 68.40 |
| 2005 | 1 167 000 | 0 | 732 000 | 732 000 | 62.72 |
| 2006 | 1 412 000 | 0 | 934 000 | 934 000 | 66.15 |
| 2007 | 1 526 000 | 7 000 | 971 000 | 964 000 | 63.63 |
| 2008 | 1 445 000 | 2 000 | 869 000 | 867 000 | 60.14 |
| 2009 | 1 459 000 | 1 000 | 1 045 000 | 1 044 000 | 71.62 |
| 2010 | 1 428 000 | 1 000 | 942 000 | 941 000 | 65.97 |
| 2011 | 1 466 000 | 0 | 1 088 000 | 1 088 000 | 74.22 |
| 2012 | 1 659 000 | 0 | 1 162 000 | 1 162 000 | 70.04 |
| 2013 | 1 723 000 | 13 000 | 1 144 000 | 1 131 000 | 66.40 |
| 2014 | 1 645 000 | 13 000 | 1 160 000 | 1 147 000 | 70.52 |
| 2015 | 1 275 000 | 1 000 | 1 064 000 | 1 063 000 | 83.45 |
| 2016 | 1 363 000 | 2 000 | 1 171 000 | 1 169 000 | 85.91 |
| 2017 | 1 586 000 | 4 000 | 1 279 000 | 1 275 000 | 80.64 |
| 2018 | 1 590 000 | 4 000 | 1 186 000 | 1 182 000 | 74.59 |

资料来源：USDA 数据库。

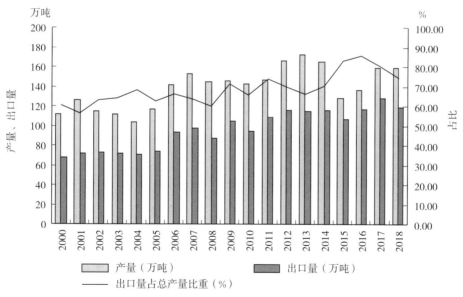

图 2-16 南非柑橘生产和出口情况

资料来源：USDA 数据库。

## 第三节　畜牧业生产

畜牧业是南非农业中的重要组成部分。2019 年，南非牛存栏约为 1 380 万头，羊（山羊、绵羊）存栏 2 000 万只，牲畜大部分以粗放型放牧为主①。

### 一、牛养殖

#### （一）概况

通过南非牛养殖者 100 多年来打造的严谨的育种体系和严格的育种机制，并凭借南非当地的气候特点和资源优势，南非打造了以帮司马拉牛为代表的肉牛品种，并输出到大洋洲、美国、南美洲等国家和地区。帮司马拉牛在世界上享有盛名，是一种中等骨架、毛皮光滑、耐热和抗扁虱的品种。帮司马拉牛饲喂到 18 个月，体重可达到 750～800 千克，屠宰率高达 60%；如果育肥到 28 个月，会产出非常好的雪花牛肉。帮司马拉牛种是世界上最大基因库之一。南非帮司马拉牛繁殖者协会成立于 1964 年。目前，该繁殖者协会有 400 多个成员，注册登记的帮司马拉牛有 135 000 头，是南非最大的登记品种②。南非牛从 2014 年起存栏量有明显下降趋势，到 2018 年保持在 1 279 万头（图 2 - 17）。

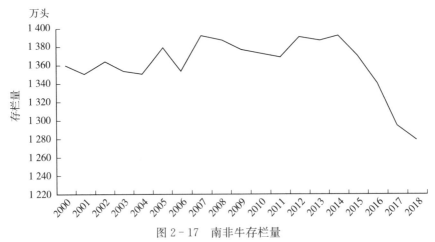

图 2 - 17　南非牛存栏量

资料来源：FAO 数据库。

---

①②　中国畜牧业协会. 2019 年中国畜牧业协会南非牛产业考察报告［EB/OL］. https://www.sohu.com/a/302671136_671395.

（二）牛肉生产

整体上，南非牛肉生产水平在波动中不断提高，2000 年到 2019 年，增长了 63.04％，产能达到了 101.9 万吨胴体重（图 2-18）。

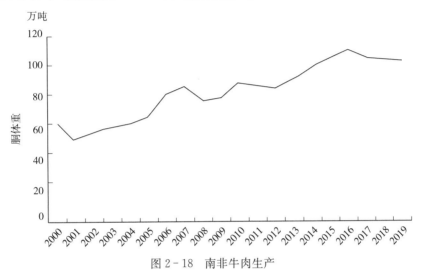

图 2-18 南非牛肉生产

资料来源：USDA 数据库。

## 二、羊养殖

（一）概况

南非种羊处于世界领先水平，凭借南非当地的气候特点和资源优势，打造了以杜泊羊、波尔山羊为代表的诸多世界知名羊品种。波尔山羊是世界知名的优质肉用山羊品种，南非通过不断地进行品种优化升级，波尔山羊已达到 3 个月断奶，5 个月出栏，出栏体重达 45～50 千克，屠宰率为 45％的指标。20 世纪 50 年代，南非成功培育出能够大量产羔、肉质好的杜泊羊，具有良好的适应性。杜泊羊繁殖的羊羔有的是黑头，有的是白头。南非大多数养殖者喜好选择黑头，因此南非大约 85％的杜泊羊是黑头[①]。整体来看，南非羊的养殖量呈缓慢下降趋势，2018 年，养殖量为 2 780 万只[②]（图 2-19）。

---

① 中国畜牧业协会. 2019 年中国畜牧业协会南非羊产业考察报告［EB/OL］. https://www.sohu.com/a/300156124_753036.

② 数据来自 FAO 数据库。

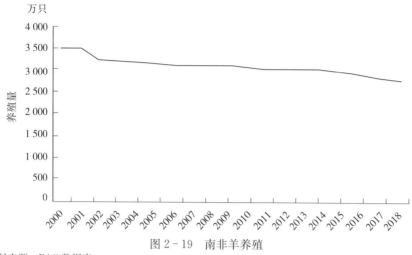

图 2-19　南非羊养殖

资料来源：FAO 数据库。

### （二）羊肉生产

目前，南非本地羊肉消费呈现不断上涨态势，预计到 2022 年，全国羊肉消费量约为 12.5 万吨。在南非羊肉属于高档肉类产品，产品形式以精深加工的冷鲜肉为主（主要以法式羊排和羊腿肉为主）。南非羊肉出口的主要地区为中东、美国、欧盟等地，2013 年出口量约为 18 万吨，主要以精深加工产品为主[①]。

### 三、猪养殖

相较于牛羊养殖业，在南非，养猪生产是一个相对较小的行业，2015 年大约有 240 家商业猪场，且养殖量不断下降，到 2018 年，存栏量降至 145 万头。南非农业部的报告称，畜牧产值占到南非农业总产值的 50%，但是猪养殖业却仅占畜牧产值的 4.4%。而从全球来看，南非猪肉产量仅占全球生产猪肉的 0.18%，这使得南非在国际猪肉市场中显得无足轻重。猪肉消费仅占南非肉类消费很小的一部分。在 2014 年，南非猪肉的价格约为 21 兰特／千克（约合人民币 11 元／千克），这也使得南非猪肉是全世界最便宜的猪肉

---

① 中国畜牧业协会. 2019 年中国畜牧业协会南非羊产业考察报告［EB/OL］. https://www.sohu.com/a/300156124_753036.

之一[①]。不过，南非的猪肉生产量却保持上升态势，到 2018 年上升到 26.2 万吨，是 2000 年的 2.52 倍（图 2-20、图 2-21）。

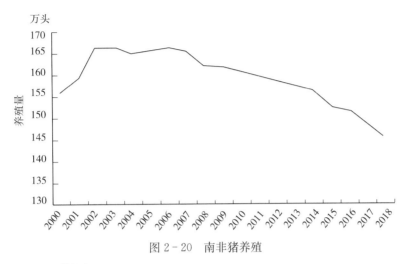

图 2-20 南非猪养殖

资料来源：FAO 数据库。

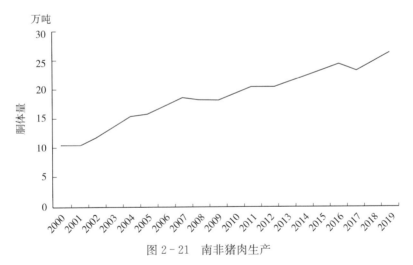

图 2-21 南非猪肉生产

资料来源：USDA 数据库。

## 四、禽、蛋生产

南非禽类市场规模巨大，同时它也是津巴布韦、莫桑比克、马拉维等国家

---

① 翁善钢. 南非的养猪业 [J]. 猪业科学，2015 (1)：26-27.

家禽类饲料的主要供应商[①]。南非养鸡业发展呈上升态势，到 2018 年鸡养殖量达到 17 万只，比 2000 年增长 36.09%。鸡肉产量也呈上升趋势，2018 年达到 139.5 万吨，比 2000 年增长 44.11%。尽管近几年鸡蛋产量相比 2015 年的最高产量有所下降，2018 年降到 45.36 万吨，依然比 2000 年增长了 37.87%（图 2-22、图 2-23、图 2-24）。

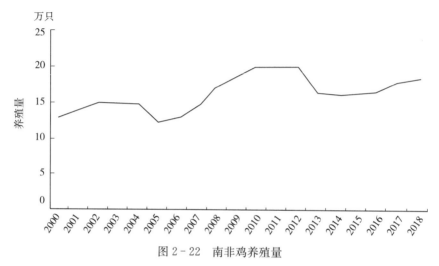

图 2-22 南非鸡养殖量

资料来源：FAO 数据库。

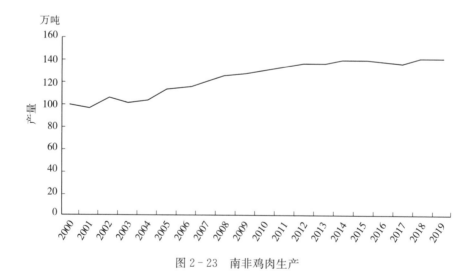

图 2-23 南非鸡肉生产

资料来源：USDA 数据库。

---

① 中非贸易研究中心. 非洲未来 20 年家禽需求将增长 60%，家禽加工业前景看好 ［EB/OL］. http://news.afrindex.com/zixun/article8519.html.

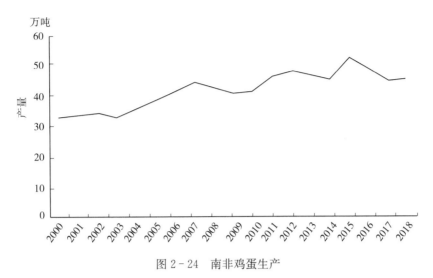

图 2 - 24  南非鸡蛋生产

资料来源：FAO 数据库。

## 五、鲜牛奶生产

南非鲜牛奶产量整体呈上升趋势，2018 年达到 375 万吨，比 2000 年上涨了 26.73%（图 2 - 25）。

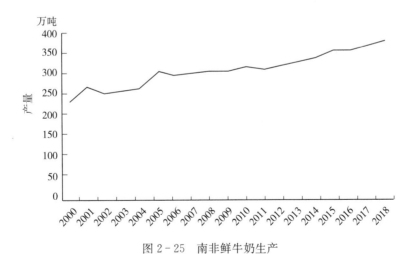

图 2 - 25  南非鲜牛奶生产

资料来源：FAO 数据库。

## 一、渔业

南非东、南、西三面被印度洋和大西洋所围绕，海岸线长 3 000 千米，12 海里内领海和 200 海里内专属经济区面积达 101.7 万千米²。印度洋与大西洋于东经 20°在南非的厄加勒斯角交汇，造就了南非海域独特的海洋环境和丰富的渔业资源，使南非海域成为世界主要渔场之一。在南非沿海富饶的渔场中，既有大西洋、印度洋的鱼种，又有太平洋的鱼种；既有冷水性鱼种，又有暖温性鱼种，种群数量也相当可观。具有商业性捕捞的鱼种有沙丁鱼、鳀鱼、竹笑鱼、马鲛鱼、鲍鱼、鲱鱼、金枪鱼、鱿鱼、鳕鱼和龙虾等数十种。南非得天独厚的地理位置、辽阔的沿海疆域、丰富的海洋渔业资源，为发展海洋渔业提供了十分优越的条件，南非已成为南半球 5 个主要渔业国之一，海洋渔业在其农业乃至整个国民经济中占有不可或缺的重要地位。渔业直接从业人员达 2.9 万人，年产量100 万吨左右，年产值 3 亿多美元。其中海洋渔业占绝对主导地位，其产量（包括海水养殖）占总产量的 99%以上，淡水渔业产量不足 1%（李嘉莉，2007）[1]。

南非可观的海洋资源一直没有得到有效开发。2010 年，海洋对南非国内生产总值的贡献率约为 540 亿兰特，创造了 316 000 个工作岗位。南非政府在2014 年 7 月出台了海洋经济战略，涉及方面包括商业、劳动力市场、学术界、民间团体、国有实业和政府方面。海洋经济战略旨在促进经济增长和就业、转变经济增长方式以及进一步吸引投资。南非拥有巨大的海洋经济潜力，从这一角度着手，到 2033 年，将有可能为国内生产总值创造 1 770 亿兰特的新增产值，并创造超过一百万个新职位[2]。

## 二、林业

在南非政府颁布和实施的政策中，把森林的概念确定得较为宽泛，包括社

---

① 李嘉莉. 南非海洋渔业资源保护及其借鉴意义［J］. 中国水产，2007（9）：20 - 21.
② 南非华人网. 南非政府将公布海洋经济开发进展［EB/OL］. http://www.nanfei8.com/news/cai-jingxinwen/2016 - 04 - 08/29057.html.

区林、自然林和人工种植林。社区林主要是与南非乡村中黑人生活密切相关的低矮丛林，因为这些低矮丛林不仅为生活在乡村的黑人提供了生活中必需的燃料，而且其中的一些传统的、具有药用价值的灌木，还可以作为经济作物。自然林的一部分作用与人工种植林相同，也可以提供一些工业用材，但在乔治城和东开普省这些东部地区，其在环境保护方面的价值尤为突出[①]。

南非木材资源并不丰富，是木材进口国。南非的人工种植林在世界上还是比较有名的，人工种植林是南非森林工业发展的基础。南非的森林工业是指与森林有关的一些工业，包括森林种植、砍伐、木材加工、造纸、纸浆生产等（不包括家具生产行业）。而南非的造纸和纸浆工业在世界上小有名气，特别是南非生产的新闻纸和包装纸，质量都是比较好的[②]。2017年南非商用木材种植总面积为1 212 383公顷，私营种植占总种植面积的82%。南非的软木、硬木树种各占一半。57%的人工种植林面积主要用于纸浆生产，37%作为锯材原木，2%用于矿业木材，其余4%用作其他用途[③]。

---

　　[①②]　中国驻南非大使馆经济商务处. 南非森林资源概述［EB/OL］. http://za. mofcom. gov. cn/article/ztdy/200302/20030200067642. shtml.

　　[③]　中非贸易研究中心. 南非商用木材资源统计［EB/OL］. http://news. afrindex. com/zixun/article12014. html.

# 第三章 CHAPTER 3
# 南非农产品贸易 ▶▶▶

　　南非农业发展的国际、地区间合作前景较为广阔。凭借自身科技优势，南非加强与南部非洲发展共同体（以下简称"共同体"）其他成员国农业部门的广泛合作与交流，推动南非与共同体各成员国睦邻友好关系的发展，维护了南非经济社会的稳定和发展。

　　南非农产品拥有广阔的地区市场。1994 年，南非加入了南部非洲发展共同体，为推动南部非洲地区农业的发展，特别是为其农产品顺利进入邻国市场创造了有利条件。1996 年，共同体各国签署的贸易议定书使各国之间的粮食流通更为容易。南非的玉米销售不再规定国内的价格，对粮食的进出口额也不再实行管制，而是由一个成熟的私营销售体制代替。南非加入共同体，对于缓解共同体其他成员国的粮食危机、保障整个南部非洲地区的稳定起到了积极作用。

　　1975—2019 年，南非的农业贸易呈现先增长、后缓慢减少的趋势。南非是农产品净出口国，南非农产品贸易净额总体呈现倒"U"形变动趋势。农产品出口占出口总额的比重始终高于农产品进口占进口总额的比重。南非农产品贸易以出口为导向，2019 年，南非农产品主要出口市场集中在荷兰、博茨瓦纳、纳米比亚等国家，对前 10 个国家出口总额占南非农产品出口总额的比重为 53.32%。中国已成为南非农产品出口到亚洲的第一大市场。食用水果及坚果、柑橘属水果或甜瓜的果皮是南非农产品出口第一大类别。南非前 10 个农产品进口来源国占进口总额比重为 51.29%，集中在中国、泰国、美国等，中国是南非农产品进口来源的第一大市场，橡胶及其制品是南非农产品进口第一大类别。外国直接投资南非农业增长缓慢，由 1998 年的 0.986 亿美元逐渐增长至 2017 年的 2.759 亿美元。南非农业外来投资占外来投资总额的比重波动比较剧烈，总体呈现"N"形变动趋势。

## 第一节 农产品贸易发展

随着快速成长的园艺产品在南非农产品出口中的带头作用越来越大，贸易成为调节南非农业生产结构的主要驱动力。1975 年以来，南非农产品进出口总值呈现先增长、后缓慢减少的趋势，且为农产品净出口国。

### 一、农产品进出口数额变动方面

如表 3-1 所示，总体来看，农产品进口和出口数额与全部产品进出口总额具有同步波动的特点，均呈现倒"U"形的变动趋势。具体分析来看，就农产品进口数额而言，1975—2012 年间，南非农产品的进口额度不断上升，1975 年仅为 3.45 亿美元，2012 年这一数值急剧攀升至 94.60 亿美元，增长幅度超过 26 倍，年均增长率达到了 71.41%。2013—2019 年间，进口额度则呈现缓慢减少的趋势，由 2013 年的 87.70 亿美元逐渐减少到 2019 年的 80.30 亿美元，下降了8.44%，年均减少率为 1.41%。就农产品出口数额而言，1975—2014 年间，南非农产品的出口额度不断上升，1975 年仅为 16.89 亿美元，2014 年这一数值攀升至 111.00 亿美元，增长幅度超过 5 倍，年均增长率为 12.36%。2015—2019年间，出口额度呈现小幅度波动的变化趋势，由 2015 年的 99.97 亿美元增加到2019 年的 109.94 亿美元。

表 3-1 农产品进出口总额及占全部进出口总额的比重

单位：亿美元、%

| 年份 | 进口额 | | | 出口额 | | |
|---|---|---|---|---|---|---|
| | 全部产品 | 农产品 | 农产品占比 | 全部产品 | 农产品 | 农产品占比 |
| 1975 | 82.93 | 3.45 | 4.16 | 87.89 | 16.89 | 19.22 |
| 1980 | 195.98 | 4.74 | 2.42 | 255.25 | 26.35 | 10.32 |
| 1985 | 113.19 | 5.83 | 5.15 | 162.93 | 10.69 | 6.56 |
| 1990 | 183.99 | 7.48 | 4.07 | 235.49 | 17.88 | 7.59 |
| 1995 | 305.46 | 18.84 | 6.17 | 278.53 | 22.45 | 8.06 |
| 2000 | 296.95 | 13.90 | 4.68 | 299.83 | 22.70 | 7.57 |
| 2005 | 623.04 | 18.29 | 2.94 | 516.26 | 27.94 | 5.41 |
| 2006 | 787.15 | 21.67 | 2.75 | 581.75 | 25.54 | 4.39 |

（续）

| 年份 | 进口额 | | | 出口额 | | |
|---|---|---|---|---|---|---|
| | 全部产品 | 农产品 | 农产品占比 | 全部产品 | 农产品 | 农产品占比 |
| 2007 | 884.50 | 30.21 | 3.42 | 697.84 | 28.34 | 4.06 |
| 2008 | 1 016.40 | 33.57 | 3.30 | 807.82 | 40.35 | 4.99 |
| 2009 | 740.54 | 28.71 | 3.88 | 616.77 | 38.31 | 6.21 |
| 2010 | 968.35 | 71.88 | 7.42 | 913.47 | 95.37 | 10.44 |
| 2011 | 1 244.30 | 90.94 | 7.31 | 1 088.15 | 107.16 | 9.85 |
| 2012 | 1 271.54 | 94.60 | 7.44 | 996.06 | 104.01 | 10.44 |
| 2013 | 1 263.30 | 87.70 | 6.94 | 961.53 | 110.48 | 11.49 |
| 2014 | 1 219.50 | 81.25 | 6.66 | 930.43 | 111.00 | 11.93 |
| 2015 | 1 046.51 | 76.15 | 7.28 | 810.02 | 99.97 | 12.34 |
| 2016 | 916.92 | 77.68 | 8.47 | 762.14 | 98.54 | 12.93 |
| 2017 | 1 015.76 | 82.49 | 8.12 | 889.47 | 111.01 | 12.48 |
| 2018 | 1 139.72 | 83.53 | 7.33 | 939.70 | 117.84 | 12.54 |
| 2019 | 1 075.39 | 80.30 | 7.47 | 900.16 | 109.94 | 12.21 |

资料来源：联合国商品贸易统计数据库 https://comtrade.un.org/data/，采用 HS92 编码。

## 二、农产品贸易净额变动方面

如图 3-1 所示，1975—2019 年间，南非农产品贸易净额的波动幅度较大，但总体呈现倒 "U" 形变动趋势。除 2007 年外，南非农产品出口数额始终大于进口数额，因此南非是一个农产品净出口国。具体分析来看，贸易净额自 2005 年开始逐渐减少，在 2007 年达到的最小值，为 -1.9 亿美元，然后逐年增加，2010 年增加到 23.5 亿美元。之后贸易净额的波动较为剧烈，在 2012 年达到极小值，为 9.4 亿美元，并在 2018 年达到最大值，为 34.3 亿美元。

## 三、农产品进出口占贸易总额的比重变动方面

如图 3-2 所示，总体来看，农产品出口占出口总额的比重始终高于农产品进口占进口总额的比重，其中前者呈现倒 "U" 形的变动趋势，而后者则呈现 "N" 形的变动趋势。具体分析来看，如表 3-1 所示，就农产品出口占出口总额的比重而言，其值从 1975 年的 19.22% 下降到 2007 年的 4.06%，然后在 2007—2010 年间，呈现逐年增长的发展趋势。自 2012 年之后，农产品出口占出口总额

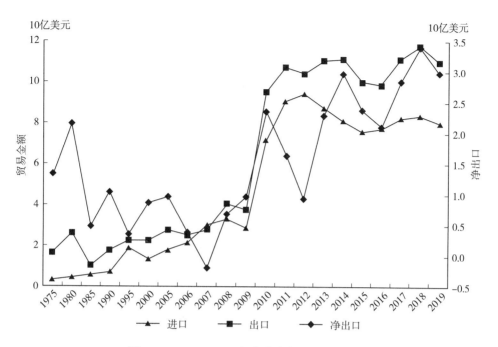

图 3-1　1975—2019 年南非农产品进出口情况

资料来源：联合国商品贸易统计数据库 https://comtrade. un. org/data/，采用 HS92 编码。

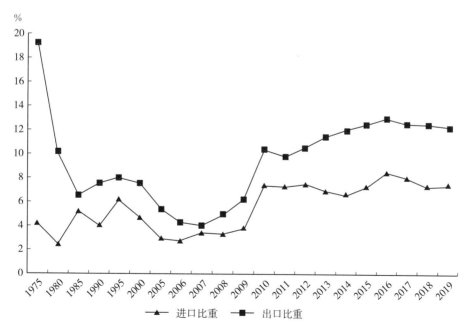

图 3-2　1975—2019 年南非农产品进出口占贸易总额比例情况

资料来源：联合国商品贸易统计数据库 https://comtrade. un. org/data/，采用 HS92 编码。

的比重始终大于10%，其中在2016年达到极大值12.93%，这表明对经济增长以出口为导向的南非来说，农产品对贸易的发展发挥了重要的推动作用。就农产品进口占进口总额的比重而言，其值从1975年的4.16%波动增长到1995年的6.17%，然后又减少到2006年的2.75%。2006—2010年间，呈现逐年增长的变动趋势，但自2010年之后呈现围绕7.5%进行平稳波动的变化趋势。进口比重作为农产品出口对农产品进口的比率，是一个衡量农业部门支付自身进口能力的指标，可以发现2010年之后南非对农产品进口具有较强的支付能力。

## 第二节　主要农产品进出口市场和产品种类

### 一、2018—2019年度南非农产品出口情况

（一）2018—2019年南非农产品主要出口市场情况

2018—2019年间，南非农产品出口数额排名前十的市场为荷兰、博茨瓦纳、纳米比亚等国家。其中，2019年南非对排名前十的国家出口总额由2018年的61.003 2亿美元减少为2019年的58.624 7亿美元，但占南非农产品出口总额的比重却由51.77%上升为53.32%。具体情况如表3-2所示：

表3-2　2018—2019年南非前十大农产品出口市场

单位：亿美元、%

| 2018年 | | | 2019年 | | | |
|---|---|---|---|---|---|---|
| 市场 | 金额 | 占农产品出口总额比重 | 市场 | 金额 | 占农产品出口总额比重 | 较2018年增长幅度 |
| 荷兰 | 9.737 8 | 8.26 | 荷兰 | 8.565 2 | 7.79 | −12.04 |
| 英国 | 8.515 7 | 7.23 | 博茨瓦纳 | 7.866 2 | 7.16 | 7.76 |
| 纳米比亚 | 7.442 8 | 6.32 | 纳米比亚 | 7.549 0 | 6.87 | 1.43 |
| 中国 | 7.436 4 | 6.31 | 英国 | 7.527 9 | 6.85 | −11.60 |
| 博茨瓦纳 | 7.299 5 | 6.19 | 中国 | 6.019 8 | 5.48 | −19.05 |
| 莫桑比克 | 5.551 4 | 4.71 | 莫桑比克 | 5.945 6 | 5.41 | 7.10 |
| 莱索托 | 4.061 2 | 3.45 | 莱索托 | 4.221 6 | 3.84 | 3.95 |
| 美国 | 4.047 3 | 3.43 | 美国 | 4.101 8 | 3.73 | 1.35 |
| 德国 | 3.603 2 | 3.06 | 德国 | 3.495 3 | 3.18 | −2.99 |
| 爱沙尼亚 | 3.307 8 | 2.81 | 爱沙尼亚 | 3.332 3 | 3.03 | 0.74 |

资料来源：联合国商品贸易统计数据库 https://comtrade.un.org/data/，采用HS92编码。

**1. 荷兰**

2018—2019 年间，荷兰已连续两年成为南非农产品出口的第一大市场。与 2018 年相比，2019 年南非出口到荷兰的农产品金数额由 9.737 8 亿美元减少到 8.565 2 亿美元，减少幅度为 12.04％，占南非农产品出口总额的比重也从 8.26％下降为 7.79％。

**2. 博茨瓦纳**

2019 年，博茨瓦纳已成为南非农产品出口非洲的第一大市场，并从 2018 年全球排名第五位跃迁至 2019 年全球第二大南非农产品出口市场。与 2018 年相比，2019 年南非出口到博茨瓦纳的农产品数额由 7.299 5 亿美元增加到了 7.866 2 亿美元，增长幅度为 7.76％，占南非农产品出口总额的比重也从 6.19％增加到 7.16％。

**3. 纳米比亚**

2018—2019 年间，纳米比亚已连续两年成为南非农产品出口到非洲的第二大市场和全球第三大市场。与 2018 年相比，2019 年南非出口到纳米比亚的农产品数额由 7.442 8 亿美元增加到 7.549 0 亿美元，增长幅度为 1.43％，占南非农产品出口总额的比重也从 6.32％上升到 6.87％。

**4. 英国**

2019 年，英国已成为南非农产品出口到欧洲的第二大市场，并从 2018 年南非农产品出口市场全球排名第二位下降至 2019 年的全球第四大市场。与 2018 年相比，2019 年南非出口到英国的农产品数额由 8.515 7 亿美元减少到 7.527 9 亿美元，下降幅度为 11.60％，占南非农产品出口总额的比重也从 7.23％下降为 6.85％。

**5. 中国**

中国已成为南非农产品出口到亚洲的第一大市场，并从 2018 年南非农产品出口市场全球排名第四位下降至 2019 年的全球第五大市场。与 2018 年相比，2019 年南非出口到中国的农产品数额由 7.436 4 亿美元减少为 6.019 8 亿美元，减少幅度高达 19.05％，占南非农产品出口总额的比重也从 6.31％下降为 5.48％。

**6. 莫桑比克**

2018—2019 年间，莫桑比克已连续两年成为南非农产品出口的全球第六大市场。与 2018 年相比，2019 年南非出口到莫桑比克的农产品数额由 5.551 4 亿美元增加到 5.945 6 亿美元，增长幅度为 7.10％，占南非农产品出口总额的比重也从 4.71% 上升到 5.41%。

### 7. 莱索托

2018—2019 年间，莱索托连续两年成为南非农产品出口的全球第七大市场。与 2018 年相比，2019 年南非出口到莱索托的农产品数额由 4.061 2 亿美元增加到 4.221 6 亿美元，增长幅度为 3.95%，占南非农产品出口总额的比重也从 3.45% 上升到 3.84%。

### 8. 美国

2018—2019 年间，美国连续两年成为南非农产品出口到北美洲的第一大市场和全球第八大市场。与 2018 年相比，2019 年南非出口到美国的农产品数额由 4.047 3 亿美元增加到 4.101 8 亿美元，增长幅度为 1.35%，占南非农产品出口总额的比重也从 3.43% 上升到 3.73%。

### 9. 德国

2018—2019 年间，德国连续两年成为南非农产品出口到欧洲的第三大市场和全球第九大市场。与 2018 年相比，2019 年南非出口到德国的农产品数额由 3.603 2 亿美元减少到 3.495 3 亿美元，减少幅度为 2.99%，占南非农产品出口总额的比重却从 3.06% 上升到 3.18%。

### 10. 爱沙尼亚

2018—2019 年间，爱沙尼亚成为南非农产品出口的全球第十大市场。与 2018 年相比，2019 年南非出口到爱沙尼亚的农产品数额由 3.307 8 亿美元增加到 3.332 3 亿美元，增长幅度为 0.74%，占南非农产品出口总额的比重也从 2.81% 增加到 3.03%。

#### (二) 2018—2019 年南非出口主要农产品情况

19 世纪末期，南非主要出口的农产品为羊毛、水果和酒，到目前这一出口情形仍未改变，2019 年这几类产品出口贡献了南非农产品出口总额的 51.87%。在这种出口高度集中的情况下，农产品贸易也隐藏着诸多潜在趋势，比如羊毛曾一度是南非出口的主导产品，近些年随着国际市场价格的上升，羊毛出口已经变得相对微不足道了，占比仅为 3.44%。

2018—2019 年间，南非出口到全球排名前十的农产品总额由 2018 年的 90.616 1 亿美元减少到 2019 年的 83.708 6 亿美元，占农产品出口总额比重也由 76.89% 下降为 76.12%。具体情况如表 3-3 所示：

表 3 - 3 2018—2019 年南非前十大农产品出口种类

单位：亿美元、%

| 2018 年 | | | 2019 年 | | | |
|---|---|---|---|---|---|---|
| 主要产品 | 金额 | 占农产品<br>出口总额<br>比重 | 主要产品 | 金额 | 占农产品<br>出口总额<br>比重 | 较2018年<br>增长幅度 |
| 食用水果及坚果、柑橘属水果或甜瓜的果皮 | 36.767 0 | 31.20 | 食用水果及坚果、柑橘属水果或甜瓜的果皮 | 34.186 6 | 31.10 | —7.02 |
| 饮料、酒及醋 | 14.205 7 | 12.05 | 饮料、酒及醋 | 12.928 6 | 11.76 | —8.99 |
| 蔬菜、水果、坚果或植物其他部分制品 | 6.705 9 | 5.69 | 蔬菜、水果、坚果或植物其他部分制品 | 6.127 4 | 5.57 | —8.63 |
| 谷物类食品 | 5.555 3 | 4.71 | 糖和糖果 | 5.918 7 | 5.38 | 23.02 |
| 鱼、甲壳动物、软体动物及其他水生无脊椎动物 | 5.392 8 | 4.58 | 鱼、甲壳动物、软体动物及其他水生无脊椎动物 | 4.939 3 | 4.49 | —8.41 |
| 羊毛、动物的细毛或粗毛；马毛纱线及其机织物 | 4.829 9 | 4.10 | 杂项食品 | 4.475 3 | 4.07 | —0.58 |
| 糖和糖果 | 4.811 0 | 4.08 | 橡胶及其制品 | 4.369 7 | 3.97 | —6.09 |
| 橡胶及其制品 | 4.653 1 | 3.95 | 谷物 | 4.004 6 | 3.64 | —27.91 |
| 杂项食品 | 4.501 3 | 3.82 | 羊毛、动物的细毛或粗毛；马毛纱线及其机织物 | 3.787 0 | 3.44 | —29.78 |
| 食品工业的残渣及废料 | 3.194 1 | 2.71 | 食品工业的残渣及废料 | 2.971 4 | 2.70 | —6.97 |

资料来源：联合国商品贸易统计数据库 https://comtrade. un. org/data/，采用 HS92 编码。

**1. 食用水果及坚果、柑橘属水果或甜瓜的果皮**

按出口价值计算，2018—2019 年间，食用水果及坚果、柑橘属水果或甜瓜的果皮已连续两年成为南非农产品出口第一大类别。相比 2018 年，2019 年该类产品出口数额由 36.767 0 亿美元减少为 34.186 6 亿美元，减少幅度为 7.02%，其占农产品出口总额的比重也由上年的 31.20% 下降到 31.10%，基本保持稳定。

**2. 饮料、酒及醋**

2018—2019 年间，饮料、酒及醋农产品已连续两年成为南非农产品出口第二大类别。相比 2018 年，2019 年该类产品出口数额由 14.205 7 亿美元减少为 12.928 6 亿美元，减少幅度为 8.99%，其占农产品出口总额的比重也由上年的 12.05% 下降到 11.76%。

**3. 蔬菜、水果、坚果或植物其他部分制品**

2018—2019 年间，蔬菜、水果、坚果或植物其他部分制品已连续两年位列南非农产品出口数额的第三位。相比 2018 年，2019 年该类产品出口数额由 6.705 9 亿美元减少到 6.127 4 亿美元，减少幅度为 8.63%，其占农产品出口总额的比重也由上年的 5.69% 下降到 5.57%。

**4. 糖和糖果**

按出口价值计算，糖和糖果已从 2018 年排名第七位跃升为 2019 年的第四大农产品出口类别。相比 2018 年，2019 年糖和糖果出口数额由 4.811 0 亿美元增加到 5.918 7 亿美元，增长幅度高达 23.02%，其占农产品出口总额的比重也由上年的 4.08% 上升到 5.38%。

**5. 鱼、甲壳动物、软体动物及其他水生无脊椎动物**

按出口价值计算，2018—2019 年间，鱼、甲壳动物、软体动物及其他水生无脊椎动物已连续两年位列南非农产品出口第五大类别。相比 2018 年，2019 年该类产品出口数额由 5.392 8 亿美元减少到 4.939 3 亿美元，减少幅度为 8.41%，其占农产品出口总额的比重也由上年的 4.58% 下降到 4.49%。

**6. 杂项食品**

按出口价值计算，杂项食品已从 2018 年排名第九位跃升为 2019 年的第六大农产品出口类别。相比 2018 年，2019 年杂项食品出口数额由 4.501 3 亿美元减少到 4.475 3 亿美元，减少幅度为 0.58%，但其占农产品出口总额的比重却由上年的 3.82% 上升到 4.07%。

**7. 橡胶及其制品**

按出口价值计算，橡胶及其制品从 2018 年排名第八位跃升为 2019 年的第七大农产品出口类别。相比 2018 年，2019 年橡胶及其制品出口数额由 4.653 1 亿美元减少到 4.369 7 亿美元，减少幅度为 6.09%，但其占农产品出口总额的比重却由上年的 3.95% 上升到 3.97%。

**8. 谷物类食品**

按出口价值计算，谷物从 2018 年排名第四位下降为 2019 年的第八大农产品出口类别。相比 2018 年，2019 年谷物出口数额由 5.555 3 亿美元减少到 4.004 6 亿美元，减少幅度高达 27.91%，其占农产品出口总额的比重也由上年的 4.71% 下降到 3.64%。

**9. 羊毛、动物的细毛或粗毛；马毛纱线及其机织物**

按出口价值计算，羊毛、动物的细毛或粗毛；马毛纱线及其机织物，从 2018 年排名第六位下降为 2019 年的第九大农产品出口类别。相比 2018 年，

2019 年该类产品出口数额由 4.829 9 亿美元减少到 3.787 0 亿美元，减少幅度高达 29.78%，其占农产品出口总额的比重也由上年的 4.10% 下降到 3.44%。

**10. 食品工业的残渣及废料**

2018—2019 年间，食品工业的残渣及废料已连续两年位列南非农产品出口第十大类别。相比 2018 年，2019 年食品工业的残渣及废料出口数额由 3.194 1 亿美元减少到 2.971 4 亿美元，减少幅度为 6.97%，其占农产品出口总额的比重也由上年的 2.71% 下降到 2.70%。

**（三）2018—2019 年南非农产品出口市场变动情况**

如表 3-4 所示，2018—2019 年间，南非农产品所有的出口合作伙伴中，美属太平洋各群岛、格陵兰岛、利比亚、英属印度洋地区和吉尔吉斯斯坦位列南非出口市场规模增长的前五位，增长幅度分别为 9 389.95%、4 235.65%、903.03%、627.78% 和 535.45%。而圣马力诺、梵蒂冈、马里亚纳群岛、波黑和所罗门群岛排名南非出口市场萎缩地区的前五位，减少幅度分别为 99.99%、99.91%、99.22%、95.07% 和 95.03%。

**表 3-4 2018—2019 年南非农产品出口扩大与萎缩情况**

单位：%

| 排名 | 扩大地区 | 出口总额增长 | 排名 | 萎缩地区 | 出口总额缩减 |
| --- | --- | --- | --- | --- | --- |
| 1 | 美属太平洋各群岛 | 9 389.95 | 1 | 圣马力诺 | 99.99 |
| 2 | 格陵兰岛 | 4 235.65 | 2 | 梵蒂冈 | 99.91 |
| 3 | 利比亚 | 903.03 | 3 | 马里亚纳群岛 | 99.22 |
| 4 | 英属印度洋地区 | 627.78 | 4 | 波黑 | 95.07 |
| 5 | 吉尔吉斯斯坦 | 535.45 | 5 | 所罗门群岛 | 95.03 |

资料来源：联合国商品贸易统计数据库 https://comtrade.un.org/data/，采用 HS92 编码。

## 二、2018—2019 年度南非农产品进口情况分析

**（一）2018—2019 年南非农产品主要进口市场情况**

2018—2019 年间，南非最重要的前 10 个农产品进口来源国的农产品进口数额之和由 2018 年的 41.887 9 亿美元减少为 2019 年的 41.186 2 亿美元，但其占农产品进口总额比重却由 50.15% 上升为 51.29%。具体情况如表 3-5 所示：

表 3 - 5　2018—2019 年南非前十大农产品进口来源国

单位：亿美元、％

| 2018 年 | | | 2019 年 | | | 较 2018 年增长幅度 |
|---|---|---|---|---|---|---|
| 来源国 | 金额 | 占农产品进口总额比重 | 来源国 | 金额 | 占农产品进口总额比重 | |
| 中国 | 6.720 5 | 8.05 | 中国 | 6.590 1 | 8.21 | -1.94 |
| 泰国 | 5.641 7 | 6.75 | 泰国 | 5.318 9 | 6.62 | -5.72 |
| 纳米比亚 | 4.562 1 | 5.46 | 美国 | 4.429 9 | 5.52 | 8.46 |
| 巴西 | 4.265 6 | 5.11 | 阿根廷 | 4.315 1 | 5.37 | 21.90 |
| 美国 | 4.084 2 | 4.89 | 德国 | 4.023 9 | 5.01 | 3.37 |
| 德国 | 3.892 7 | 4.66 | 纳米比亚 | 3.781 3 | 4.71 | -17.11 |
| 阿根廷 | 3.539 8 | 4.24 | 爱沙尼亚 | 3.550 9 | 4.42 | 13.85 |
| 爱沙尼亚 | 3.118 9 | 3.73 | 巴西 | 3.375 3 | 4.20 | -20.87 |
| 英国 | 3.059 4 | 3.66 | 英国 | 2.981 9 | 3.71 | -2.53 |
| 印度 | 3.002 9 | 3.60 | 印度 | 2.818 9 | 3.51 | -6.13 |

资料来源：联合国商品贸易统计数据库 https://comtrade.un.org/data/，采用 HS92 编码。

**1. 中国**

2018—2019 年间，中国已连续两年成为南非农产品进口来源的亚洲第一大国和全球第一大市场。与 2018 年相比，2019 年南非从中国进口农产品的金额由 6.720 5 亿美元减少到 6.590 1 亿美元，减少幅度为 1.94％，但其占南非农产品进口总额的比重却从 8.05％增加到 8.21％。

**2. 泰国**

2018—2019 年间，泰国已连续两年成为南非农产品进口来源的亚洲第二大国和全球第二大市场。与 2018 年相比，2019 年南非从泰国进口的农产品金额由 5.641 7 亿美元减少到 5.318 9 亿美元，减少幅度为 5.72％，其占南非农产品进口总额的比重也从 6.75％下降为 6.62％。

**3. 美国**

2019 年，美国在南非农产品进口来源国中位居北美洲第一，并从 2018 年南非农产品进口来源国排名第五位跃迁至 2019 年的全球第三大市场。与 2018 年相比，2019 年南非从美国进口农产品的金额由 4.084 2 亿美元增加到 4.429 9 亿美元，增长幅度为 8.46％，其占南非农产品进口总额的比重也从 4.89％增加到 5.52％。

**4. 阿根廷**

2019 年，阿根廷成为南非农产品进口来源的南美洲第一大市场，并从

2018 年南非农产品进口来源国排名第七位跃迁至 2019 年的全球第四大市场。与 2018 年相比，2019 年南非从阿根廷进口农产品的金额由 3.539 8 亿美元增加到 4.315 1 亿美元，增长幅度高达 21.90%，其占南非农产品进口总额的比重也从 4.24% 增加到 5.37%。

**5. 德国**

2019 年，德国成为南非农产品进口来源的欧洲第一大市场，并从 2018 年南非农产品进口来源国排名第六位跃迁到 2019 年的全球第五大市场。与 2018 年相比，2019 年南非从德国进口农产品的金额由 3.892 7 亿美元增加到 4.023 9 亿美元，增加幅度为 3.37%，其占南非农产品进口总额的比重也从 4.66% 上升到 5.01%。

**6. 纳米比亚**

2019 年，纳米比亚是南非农产品进口来源的非洲第一大市场，并从 2018 年南非农产品进口来源国排名第三位下降至 2019 年全球第六大农产品进口市场。与 2018 年相比，2019 年南非从纳米比亚进口农产品的金额由 4.562 1 亿美元减少到 3.781 3 亿美元，减少幅度高达 17.11%，其占南非农产品进口总额的比重也从 5.46% 下降到 4.71%。

**7. 爱沙尼亚**

2019 年，爱沙尼亚在南非农产品进口来源国中位居欧洲第二，并从 2018 年南非农产品进口来源国排名第八位跃迁 2019 年的全球第七大农产品进口市场。与 2018 年相比，2019 年南非从爱沙尼亚进口农产品金额由 3.118 9 亿美元增长到 3.550 9 亿美元，增加幅度为 13.85%，其占南非农产品进口总额的比重也从 3.73% 上升到 4.42%。

**8. 巴西**

2019 年巴西在南非农产品进口来源国中位居南美洲第二，并从 2018 年南非农产品进口来源国排名第四位下降为 2019 年的全球第八大农产品进口市场。与 2018 年相比，2019 年南非从巴西进口农产品的金额由 4.265 6 亿美元减少到 3.375 3 亿美元，减少幅度高达 20.87%，其占南非农产品进口总额的比重也从 5.11% 下降到 4.20%。

**9. 英国**

2018—2019 年间，英国已连续两年在南非农产品进口来源国中位居欧洲第三和全球第九。与 2018 年相比，2019 年南非从英国进口农产品金额由 3.059 4 亿美元减少到 2.981 9 亿美元，减少幅度为 2.53%，但其占南非农产品进口总额的比重却从 3.66% 上升到 3.71%。

### 10. 印度

2018—2019 年间，印度已连续两年在南非农产品进口来源国中位居亚洲第三和全球第十。与 2018 年相比，2019 年南非从印度进口农产品金额由 3.002 9 亿美元减少到 2.818 9 亿美元，减少幅度为 6.13%，其占南非农产品进口总额的比重也从 3.60% 下降到 3.51%。

### （二）2018—2019 年南非农产品进口的产品种类分析

2018—2019 年间，南非从全球进口数额排名前十的农产品总额由 2018 年的 59.978 7 亿美元减少为 2019 年的 58.610 4 亿美元，但其占农产品进口总额的比重却从 71.81% 上升为 72.99%。具体情况如表 3-6 所示：

表 3-6　2018—2019 年南非前十大农产品进口种类

单位：亿美元、%

| 2018 年 | | | 2019 年 | | | 较 2018 年增长幅度 |
|---|---|---|---|---|---|---|
| 种类 | 金额 | 占农产品进口总额比重 | 种类 | 金额 | 占农产品进口总额比重 | |
| 橡胶及其制品 | 12.926 5 | 15.48 | 橡胶及其制品 | 12.255 4 | 15.26 | −5.19 |
| 谷物类食品 | 9.861 7 | 11.81 | 谷物类食品 | 9.989 3 | 12.44 | 1.29 |
| 肉及食用杂碎 | 6.891 7 | 8.25 | 饮料、酒及醋 | 6.966 9 | 8.68 | 14.60 |
| 动植物油、脂及其分解产品 | 6.615 8 | 7.92 | 动植物油、脂及其分解产品 | 6.326 6 | 7.88 | −4.37 |
| 饮料、酒及醋 | 6.079 6 | 7.28 | 肉及食用杂碎 | 5.849 3 | 7.28 | −15.13 |
| 糖和糖果 | 4.340 6 | 5.20 | 糖和糖果 | 4.447 4 | 5.54 | 2.46 |
| 食品工业的残渣及废料 | 4.107 3 | 4.92 | 食品工业的残渣及废料 | 3.777 5 | 4.70 | −8.03 |
| 杂项食品 | 3.484 0 | 4.17 | 杂项食品 | 3.369 6 | 4.20 | −3.28 |
| 鱼、甲壳动物、软体动物及其他水生无脊椎动物 | 3.195 7 | 3.83 | 鱼、甲壳动物、软体动物及其他水生无脊椎动物 | 3.023 2 | 3.76 | −5.40 |
| 烟草和人造烟草替代品 | 2.475 8 | 2.96 | 蔬菜、水果、坚果或植物其他部分制品 | 2.605 2 | 3.24 | — |

资料来源：联合国商品贸易统计数据库 https://comtrade.un.org/data/，采用 HS92 编码。

### 1. 橡胶及其制品

按进口价值计算，2018—2019 年间，橡胶及其制品已连续两年位列南非农产品进口第一大类别。相比 2018 年，2019 年橡胶及其制品进口数额由 12.926 5 亿美元减少到 12.255 4 亿美元，减少幅度为 5.19%，其占农产品进口总额的比重也由上年的 15.48% 下降到 15.26%，基本保持稳定。

**2. 谷物类食品**

按进口价值计算，2018—2019 年间，谷物已连续两年位列南非农产品进口第二大类别。相比 2018 年，2019 年谷物进口数额由 9.861 7 亿美元增加到 9.989 3 亿美元，增长幅度为 1.29%，其占农产品进口总额的比重也由上年的 11.81% 上升到 12.44%。

**3. 饮料、酒及醋**

按进口价值计算，饮料、酒及醋从 2018 年的排名第四位跃迁为 2019 年的第三大农产品进口类别。相比 2018 年，2019 年饮料、酒及醋进口数额由 6.079 6 亿美元增加到 6.966 9 亿美元，增长幅度高达 14.60%，其占农产品进口总额的比重也由上年的 7.28% 上升到 8.68%。

**4. 动植物油、脂及其分解产品**

按进口价值计算，2018—2019 年间，动植物油、脂及其分解产品已连续两年位列南非农产品进口第四大类别。相比 2018 年，2019 年该类产品进口数额由 6.615 8 亿美元减少到 6.326 6 亿美元，减少幅度为 4.37%，其占农产品进口总额的比重也由上年的 7.92% 下降为 7.88%。

**5. 肉及食用杂碎**

按进口价值计算，肉及食用杂碎从 2018 年排名第三位下降为 2019 年的第五位。相比 2018 年，2019 年该类产品进口数额由 6.891 7 亿美元减少到 5.849 3 亿美元，减少幅度高达 15.13%，其占农产品进口总额的比重也由上年的 8.25% 下降到 7.28%。

**6. 糖和糖果**

2018—2019 年间，糖和糖果连续两年位列南非农产品进口第六位，进口数额由 2018 年的 4.340 6 亿美元增加到 2019 年的 4.447 4 亿美元，增长幅度为 2.46%，其占农产品进口总额的比重也由 2018 年的 5.20% 上升到 2019 年的 5.54%。

**7. 食品工业的残渣及废料**

按进口额计算，2018—2019 年间，食品工业的残渣及废料已连续两年位列南非农产品进口第七位。该类产品进口数额由 2018 年的 4.107 3 亿美元减少为 2019 年的 3.777 5 亿美元，减少幅度为 8.03%，其占农产品进口总额的比重也由上年的 4.92% 下降为 4.70%。

**8. 杂项食品**

按进口价值计算，2018—2019 年间，杂项食品已连续两年位列南非农产品进口第八大类别。相比 2018 年，2019 年杂项食品进口数额由 3.484 0 亿美元减少到 3.369 6 亿美元，减少幅度为 3.28%，但其占农产品进口总额的比重却由上年的 4.17% 上升为 4.20%。

**9. 鱼、甲壳动物、软体动物及其他水生无脊椎动物**

按进口价值计算，2018—2019 年间，该类产品连续两年位列南非农产品进口第九大类别。由 2018 年的 3.195 7 亿美元减少到 2019 年的 3.023 2 亿美元，减少幅度为 5.40%，其占农产品进口总额的比重也由上年的 3.83% 下降为 3.76%。

**10. 蔬菜、水果、坚果或植物其他部分制品**

按进口价值计算，蔬菜、水果、坚果或植物其他部分制品在 2019 年替代烟草和人造烟草替代品，成为南非农产品进口排名第十位的产品。相比 2018 年，2019 年该类产品进口额为 2.605 2 亿美元，其进口占农产品进口总额的比重为 3.24%。

**（三）2018—2019 年南非农产品进口市场变动情况**

2018—2019 年度，南非农产品所有的进口合作伙伴中，加勒比海圣巴特岛、伊拉克、梵蒂冈、关岛和毛里塔尼亚位居南非进口市场规模增长国家和地区的前五位，增长幅度分别为 29 770.04%、8 574.72%、2 516.69%、1 322.52% 和 1 187.24%。而法罗群岛、乌兹别克斯坦、布韦岛、委内瑞拉和英属印度洋地区为南非进口市场萎缩国家和地区的前五位，减少幅度分别为 99.97%、99.94%、99.53%、97.87% 和 97.64%（表 3 - 7）。

表 3 - 7 2018—2019 年南非农产品进口扩大与萎缩情况

单位：%

| 排名 | 扩大地区 | 进口总额增长 | 排名 | 萎缩地区 | 进口总额缩减 |
| --- | --- | --- | --- | --- | --- |
| 1 | 加勒比海圣巴特岛 | 29 770.04 | 1 | 法罗群岛 | 99.97 |
| 2 | 伊拉克 | 8 574.72 | 2 | 乌兹别克斯坦 | 99.94 |
| 3 | 梵蒂冈 | 2 516.69 | 3 | 布韦岛 | 99.53 |
| 4 | 关岛 | 1 322.52 | 4 | 委内瑞拉 | 97.87 |
| 5 | 毛里塔尼亚 | 1 187.24 | 5 | 英属印度洋地区 | 97.64 |

资料来源：联合国商品贸易统计数据库 https://comtrade.un.org/data/，采用 HS92 编码。

## 第三节　农业投资

### 一、南非农业外国投资状况

随着全球人口增加、粮食价格上涨以及南非农业用地相对便宜的价格，外国投资者如跨国公司、主权财富基金、私人股本基金、养老基金、其他大型企业集团或农业综合企业开始关注非洲的农业综合企业和耕地。虽然南非外国直接投资流入量不及其他新兴市场，但南非丰富的自然资源、良好的基础设施、受过良好教育的劳动力、宏观经济相对稳定、对外国直接投资的开放性、有效的法律制度等因素，促使外国投资者广泛关注和重视南非农业（Asafo，2007）[①]。

南非政府制定了土地归还和土地改革政策，将土地归还或转让给以前处于不利地位者和无地者，形成了错综复杂的土地转让和土地使用状况。随着外国直接投资流入农业部门，政府和决策者认为，外国人拥有土地特别是农业用地所有权其影响是负面的，不利于土地归还和改革进程（Department of Agriculture and Land Affairs，2006）[②]。对外国投资者来说，投资者确定农业综合企业或农业用地回报，开展农业生产的前提是土地必须安全，是否投资南非农业受土地所有权影响很大，土地的不确定性会带来风险，外国直接投资流动将受到限制。

为了吸引外国投资者，南非政府重新制定了南非外国投资政策框架，出台了《促进和保护投资法案》，该法案将适用于所有外国投资者，该法案目的是以符合公共利益和平衡投资者权利与义务的方式促进和保护投资，确保外国投资者和本国公民之间公平遵守法律。该法案取消了接受国际仲裁的义务，如果需要向投资者提供赔偿，赔偿将不是完全按市场价值计算，而是按照南非《宪法》"公平和公正"价值计算。随着该法案的推出，南非政府从众多双边投资条约转向该法案。2011 年，南非农村发展和土地改革部发布《土地改革绿皮书》，该报

①　Asafo - Adjei，Augustina. Foreign direct investment and its importance to the economy of South Africa. Diss［EB/OL］. University of South Africa，2007：63 - 77.

②　Department of Agriculture and Land Affairs. Report and recommendations by the panel of experts on the development of policy regarding land ownership by foreigners in South Africa［EB/OL］. Available from：http://www. pmg. org. za/files/gazettes/070914land - panelreport，2006.

告详细阐述了政府正在寻求采纳的土地保有制度。外国人拥有土地将受到不动产的监管限制，这些限制包括：严格遵守义务和条件，外国人和当地南非人在土地投资方面的伙伴关系，外国人将被排除在敏感和涉及国家安全的土地之外，土地交易按照规定的门槛进行控制和估值（南非农村发展和土地改革部，2011）。

与此同时，外国投资者还面临着诸多障碍，如不灵活的劳动法、犯罪、政策不确定性、可能增加的限制性。因此，外国投资者对收购、创建或扩大当地企业并没有表现出太多热情（Arvantis，2005）。1994 年到 2006 年间，外国直接投资（FDI）流入南非农业取得一定进展，但并不强劲。南非开发银行（DBSA）数据显示，经过汇率调整后，1994 年至 2005 年南非农业 FDI 增长率高达 40%。2005 年，农业外国直接投资降至最低水平，农业投资总额为1.433 亿兰特，其中 0.5% 来自外国直接投资。

## 二、南非农业外国投资的变动情况分析

### （一）外国对南非农业、林业和渔业部门投资额度方面

总体来看，如图 3-3 所示，外国对南非农业、林业和渔业部门的投资总额和不同类型的投资额度，呈现不同的变化趋势。1998—2003 年间基本保持平稳；2003—2009 年间基本呈现倒"U"形的变动趋势，2009—2011 年间呈现迅速增长的变动趋势，2011 年之后，外国投资总额和不同投资类型的额度则呈现不同的变动趋势。

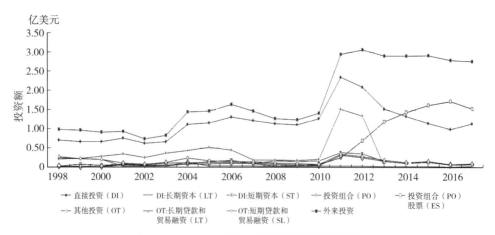

图 3-3　农业、林业和渔业部门的外国投资

资料来源：CEIC 经济数据库。

就外国对南非农业投资总额而言，由 1998 年的 0.986 亿美元逐渐增长到 2006 年的 1.635 亿美元，之后又逐渐减少到 2009 年的 1.240 亿美元。2010—2012 年间呈现迅速增加的趋势，并在 2012 年达到最高值 3.073 亿美元，之后缓慢减少，最终在 2017 年达到 2.759 亿美元。

就外国对南非农业直接投资（DI）而言，由 1998 年的 0.700 亿美元增长到 2006 年的 1.315 亿美元，之后又逐渐减少到 2009 年的 1.100 亿美元。2010—2012 年间呈现迅速增加的趋势，并在 2011 年达到最高值 2.351 亿美元，之后缓慢减少，最终在 2017 年达到 1.139 亿美元。

就外国对南非农业直接投资的长期资本（LT）而言，由 1998 年的 0.213 亿美元增长到 2005 年的 0.520 亿美元，之后又逐渐减少到 2009 年的 0.182 亿美元。2010—2017 年间呈现倒 "U" 形的变动趋势，并在 2011 年达到最高值 1.518 亿美元，之后逐渐减少为 2017 年的 0.019 亿美元。

就外国对南非农业直接投资的短期资本（ST）而言，1998—2017 年间总体呈现倒 "U" 形的变动趋势，由 1998 年的 0.016 亿美元增长到 2011 年的 0.381 亿美元，之后又逐渐减少到 2017 年的 0.071 亿美元。

就外国对南非农业直接投资的投资组合（PO）而言，完全是由股票（ES）组成，债务证券（DS）为零。由 1998 年的 0.018 亿美元增长到 2006 年的 0.173 亿美元，之后又逐渐减少到 2008 年的 0.036 亿美元。从 2009—2016 年间，呈现逐年增长的变动趋势，并在 2016 年达到最高值 1.727 亿美元，2017 年小幅度回落为 1.530 亿美元。

就外国对南非农业的其他投资（OT）而言，1998—2011 年呈现 "W" 形的变动趋势，由 1998 年的 0.268 亿美元减少到 2002 年的 0.073 亿美元，之后又逐渐增加到 2004 年的 0.241 亿美元，随后逐年减少到 2010 年的 0.074 亿美元，然后增加至 2011 年的 0.346 亿美元。2011 年之后，总体呈现逐渐减少的变动趋势，最终下降为 2017 年 0.09 亿美元。

就外国对南非农业其他投资的长期贷款和贸易融资（LT）而言，除 2004 年外，1998—2017 年总体呈现递减的变动趋势，由 1998 年的 0.241 亿美元减少到 2017 年的 0.019 亿美元，其中，2004 年为 0.128 亿美元。

就外国对南非农业其他投资的短期贷款和贸易融资（SL）而言，1998—2017 年总体呈现倒 "U" 形的变动趋势，由 1998 年的 0.027 亿美元逐渐增加到 2011 年的 0.311 亿美元，之后逐渐减少到 2017 年的 0.071 亿美元。

### （二）外国对南非农业投资占总投资比重方面

总体来看（图 3-4），外国对南非农业不同类型投资占总投资比重呈现不同的变化趋势，其中在 1998—2012 年间波动较大，而 2013 年相比 2012 年呈现较大幅度的下降，之后保持较为平稳的波动状态。具体分析如下：

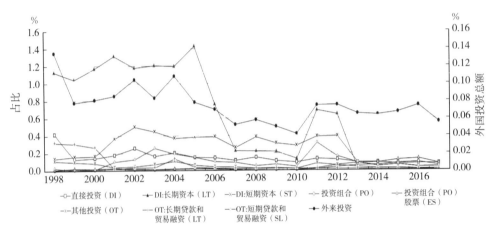

图 3-4　农业、林业和渔业部门占外国投资总额的比重

资料来源：CEIC 经济数据库。

就外国对南非农业投资占外来投资总额的比重而言，波动比较剧烈，总体呈现"N"形变动趋势。由 1998 年的 0.134 9％波动下降到 2010 年的 0.041 8％，之后又迅速增长到 2012 年的 0.075 4％，2013—2017 年间呈现逐渐减少的趋势，并在 2017 年减少到 0.055 9％。

就外国对南非农业直接投资（DI）占直接投资（DI）总额的比重而言，总体呈现逐渐下降的变动趋势。由 1998 年的 0.421 3％波动下降到 2017 年的 0.078 8％。

就外国对南非农业直接投资的长期资本（LT）占直接投资的长期资本（LT）总额的比重而言，波动同样比较剧烈，且总体呈现"M"形变动趋势。由 1998 年的 1.128 2％波动增长到 2005 年的 1.424 4％，之后逐渐减少到 2010 年的 0.133 3％，2011—2012 年间所占比重均超过 0.6％，但从 2013 年开始逐年减少，并在 2017 年减少到 0.007％。

就外国对南非农业直接投资的短期资本（ST）占直接投资的短期资本（ST）总额的比重而言，总体呈现倒"U"形的变动趋势。由 1998 年的 0.134 4％逐渐增长到 2002 年的 0.502 3％，之后逐渐减少到 2017 年的 0.040 3％。

　　就外国对南非农业其他投资的长期贷款和贸易融资（LT）占长期贷款和贸易融资（LT）总额的比重而言，总体呈现逐渐下降的变动趋势。由 1998 年的 0.322 3% 波动减少到 2002 年的 0.007%。

　　就外国对南非农业其他投资的短期贷款和贸易融资（SL）占短期贷款和贸易融资（SL）总额的比重而言，总体呈现倒"M"形的变动趋势。由 1998 年的 0.028 6% 波动增长到 2003 年的 0.256%，之后逐渐减少到 2008 年的 0.049 1%，随后又波动增长到 2011 年的 0.316 6%，之后波动减少到 2017 年的 0.040 3%

　　就外国对南非农业直接投资的投资组合（PO）、其他投资（OT）占投资组合（PO）、其他投资（OT）总额的比重而言，总体呈现平稳波动的变动趋势，且所占比重基本维持在1%以下波动。

# 第四章 CHAPTER 4
# 南非农业公共管理 ▶▶▶

农业公共管理是对农业公共事务的统筹规划，运用科学管理理念、功能、组织、手段并采用商业管理的理论、方法和技术，引入市场竞争机制，为南非农业的发展提供了必要的保障。本章主要介绍南非的农业公共管理体系、农业公共管理部门。

## 第一节　农业公共管理体系

南非农业发展具有二元结构、商品率高、农业生产集中等鲜明特点，形成了与之相应的农业公共管理系统。南非的农业公共管理体系近年来发展日趋完善，各个职能部门之间分工明确、互相协作、共同发展。

### 一、农业信息化管理体系

南非在《2000—2005 年农业科技发展战略计划》中明确提出要建立信息社会的目标，确保农业研究委员会（ARC）及时掌握世界农业科研信息，以建立有效的沟通体系，满足农业对信息的需求。通过技术转让与推广，建立高效的信息系统，确保科研成果在南非农业领域的应用和推广。

具体战略有：开拓信息渠道，增加公众对农业科技的了解，以利于农业科技的推广和应用；促进新技术的转化，以利于科研成果的商品化；提供信息服务，包括培训和教育计划，满足农业工作者对农业信息的需求；农业方面重要文献、著作的保管，使这些文献资料在现在和将来都能得到更好应用。

## 二、农业生态保护体系

南非土地资源十分丰富,地理位置优越。国家一方面支持有竞争能力的优势产业项目;另一方面特别重视资源的适度开发和生态保护,决不允许盲目开发,破坏生态环境,重视发展有机农业。2018 年南非平均每平方千米人口仅为 47 人,国家野生动物自然保护区占地 3.95 万千米$^2$,完全按照自然生态方式保护野生动物,大量的角马、羚羊、豺狼、狐狸、野兔和非洲草原、灌木浑然一体,重现了大自然的生态循环和生机。发展有机农业主要是为了防止化学制品危害人们的健康,保护环境。在农业生产过程中完全不用或基本不用人工合成的化肥、农药、生长调节剂和牲畜饲料添加剂,尽量采用豆科植物、作物秸秆、牲畜肥粪、有机废物和作物轮休来保持土壤肥力,对病虫害尽可能采取生物防治的方法。

## 三、农产品质量管理体系

### (一)管理法规

目前,南非尚没有一部专门规范农产品质量安全的法律法规,而是通过制定多部农产品质量安全的法律、法规和规章,来对农产品生产的不同方面、不同环节进行管理。因此,农产品质量安全立法具有层级性。除了通过法律对农产品质量安全管理做出原则性的规定外,大量法律条文的细化和技术性的规定都授权行政机关以法令和条例形式做出,例如《食品、化妆品和消毒剂法》《种子法》《饲料法》《动物检疫法》等。

### (二)管理模式

农产品从生产到最终消费是一个有机、连续的过程,对其管理也不能人为地割裂,因此政府强调对农产品质量安全的全程性管理。这种全程性管理不仅要从农业投入品开始,对食品由生产到消费的各个环节进行管理,并且体现在尽可能地减少管理机构数量,由尽可能少的机构对食品安全进行全程管理。

南非的农产品质量管理体系主要是由农业部门来负责,其他部门协同监管。南非农业部负责农业投入品监管、产地检查、动植物和食品及其包装检疫、药残监控、加工设施检查和标签检查，真正实现了"从农田到餐桌"的全程性监管。卫生部和贸易工业部负责其他食品、瓶装水、酒精含量低于7％的葡萄酒饮料的监管。在这种多部门管理的模式下，农业部的管理环节也涵盖了农产品生产、加工、销售乃至进出口环节，如针对生产、加工厂商制定了生产标准并进行检查、采样分析，要求生产厂商召回不安全产品，对向南非出口肉类和家禽产品的出口厂商进行检查等。由于南非的食品安全监督管理由多个部门负责，因此特别强调团队管理的方法，强调各机构之间的协调和配合。

### （三）农产品质量安全标准体系系统

国际上一般把标准分为强制类和非强制类两种。前者为政府部门的法律、法规所采用，具有强制性，必须严格遵守。后者则由政府委托标准制定机构或由行业协会制定管理，由企业自愿采用。

南非的农产品标准有三个层次：①国家标准，由农业部、卫生部和贸易工业部等政府机构以及经南非政府授权的特定机构制定。②行业标准，由民间团体如南非谷物化学师协会、南非花卉协会、南非饲料工业协会等制定。民间组织制定的标准具有很大的权威性，不仅在国内享有良好的声誉，而且在非洲地区也被广泛采用。③由农场主或公司制定的行业操作规范。目前，南非的农、林、牧、渔、果、蔬、农产品加工、营销各个方面都有大量的产品和服务标准。

### （四）农产品质量安全检测检验体系

南非根据农产品市场准入和市场监管的需要，建设有分农产品品种的全国性专业机构和分区域的大区性农产品质量检测机构；同时，各省也根据需要，建有省级农产品质量检测机构，主要负责农产品生产过程中的质量安全和产地质量安全。南非的检测检验体系还负责对食品进行风险评估、风险管理和风险通报。

### （五）农产品质量安全认证

南非除了对最终产品进行质量安全认证之外，还普遍在生产企业推行HACCP（危害分析和关键控制点）体系。该体系是目前世界公认的最有效的食品安全卫生质量保证体系。HACCP强调企业自身的作用，以预防为主。南非在2001年颁布法令和法规，将HACCP认证作为强制性措施在本国实行，以提高肉禽制品的安全程度，期望通过HACCP为基础的加工控制系统、微生物检测、减少致病菌操作规范及卫生标准操作规范的有效组合应用，减少肉禽产品致病菌的污染、预防食品中毒事件。随着这些新法规的出台，南非还加强了相应的执法力度。

### （六）农产品质量安全技术研究

南非为加强农产品安全管理的技术能力，一方面在管理机构内组织技术人员研究前沿技术，另一方面通过技术咨询服务等形式，利用政府部门以外的科学家资源，努力保持与相关国际组织的密切联系，分享最新的科学成果。

### （七）农产品质量安全信息工作措施

南非特别强调对农产品质量安全管理工作的制度建设和管理过程的公开性和透明度，强调公众参与。这就要求公众有了解和获取各种信息及情况的途径和方式，并可参与评论。由政府机构或政府授权机构牵头，成立由政府官员、利益主体（农场主、加工商、行业协会）及技术专家组成工作组或委员会，负责质量标准的拟定。标准草案完成之后，政府部门通过发文或政府网站向社会征求意见，有关利益团体也会利用刊物或举办技术咨询活动来征求意见。

## 四、生物安全管理体系

生物安全性管理的核心是实施生物技术的风险评估、管理和生物安全能力建设，尽可能减少因使用生物技术而产生的环境灾害或事故。此项工作的实质是研究和探讨生物技术及其产品释放产生的环境影响评价与管理对策，包括人畜健康安全评价、景观影响评价、环境风险评价、经济效益评价及其管理对策，其中最主要的是转基因植物对人畜健康和生态系统影响评价。

南非政府在1997年发布、1999年实施的《转基因生物法》，对转基因生物产品的进口、消费和环境保护做了规定，规定了转基因生物的申报制度，并建立了对执行理事会决定的申诉制度。转基因产品的安全性由现行农业和卫生部门的法规管理。

目前，南非制定了国家生物安全框架，以执行《转基因生物法》（1997年15号法规）。国家生物安全框架包括执行委员会、咨询委员会、登记员和检查员。执行委员会决策全国所有转基因活动，主要由国家农业部、环境事务与旅游部、卫生部、贸易工业部、劳动部、水务与森林部以及艺术、文化、科学技术部的代表组成。为了确保咨询委员会与执行委员会间联系顺畅，咨询委员会的主席也是执行委员会的成员。咨询委员会由 8 名科学家和 2 名具有转基因和生态学知识的人员组成，在广泛征求意见后由农业部长任命。咨询委员会评估所有转基因工作的安全，并向农业部长、执行委员会和转基因事务登记员提出建议。登记员负责执行有关转基因法规，协调各部门间的关系，监督和登记转基因释放申请，颁发转基因许可证，监督田间试验，向工业部门和公众提出有关生物安全的建议。检查员负责检测转基因设备、工具和行动，一般是在正常工作时间对转基因设备和工具进行例行检测，根据在特殊领域具有司法权的法官的授权，检查员也参与调查违法行为与法律条款纠纷。国家生物安全框架要求生物技术产业及其相关部门注意转基因法规对其商业活动的影响。转基因设备在开始使用的 12 个月以内登记，设备的单项活动也要根据程序进行登记，对转基因活动的生物安全要进行风险评估，大规模的实验室实验、温室试验、田间和诊断试验及商业释放都要有许可证，并要求支付一定的登记和许可证费。

南非法规对转基因植物管理，特别是许可证颁发和管理是相当严格的。例如，有关法规条款规定，转基因玉米加工为动物饲料必须用封闭容器运到离海边最近的磨坊处理。近年来，南非转基因作物研究十分活跃，推广应用发展相当迅速。自 1992 年，南非农业部首次允许进行转基因棉花田间试验以来，至 2000 年 7 月，已经批准了 182 种转基因作物的田间试验和包括转基因玉米、转基因棉花等 5 种抗虫、抗除草剂转基因作物的商业环境释放，并清除了转基因玉米作为动物饲料的进出口贸易壁垒。其中，转基因玉米、转基因棉花、转基因大豆、转基因马铃薯、转基因番茄、转基因苹果等植物在全国多个地区进行大规模田间试验或商业种植。南非也批准了从美国和阿根廷进口转基因大豆和玉米，但必须通过严格的植物检疫，且禁止其种子的环境释放。

## 第二节　农业公共管理部门

### 一、食品安全管理部门

南非食品安全的管理部门在中央主要是农业部、卫生部、贸易工业部、环境事务与旅游部。

## （一）农业部

农业部作为农产品质量安全的主要监管部门，设有食品安全和质量保障局（Directorate Food Safety and Quality Assurance）、南非农业食品检疫和监察局（Directorate South African Agricultural Food Quarantine and Inspection Services）、动物卫生局（Directorate Animal Health）、植物健康局（Directorate Plant Health）和遗传资源管理局（Directorate Genetic Resources Management）等农产品质量安全监管机构。从监管对象上看，农业部的职能涵盖了下列产品：化肥、饲料、农药、部分兽药、种子等农业生产资料；农产品（包括玉米、小麦、谷物、新鲜水果和蔬菜、新鲜肉类及肉类含量少于10％的罐装肉产品、奶产品、果汁、蜜汁饮料、果汁饮料和果味饮料，等等）；酒产品（包括葡萄酒和啤酒）等。农业部对农业产品的监管向前延伸到农业生产资料监管，向后延伸到农产品加工、销售以及进出口环节，形成了一个相互衔接的管理链条。

## （二）卫生部

卫生部作为食品的主要监管部门，设有食品监控局（Directorate Food Control）、药品管理局（Directorate Medicines Administration）等机构，主要对食品的加工、销售和进口进行监管。根据《食品、化妆品和消毒剂法》，食品是指除药品外，通常用于人类使用或饮用，或声称适于人类消费、为人类消费生产或销售的任何物品或物质，并包括上述物品的任何部分或成分，或意图、预定作为上述物品或物质的某一部分或成分的任何物质。此外，卫生部还根据《药品及有关物质法》负责部分兽药的登记工作。

## （三）贸易工业部

贸易工业部除具有监管食品标签的职能外，其在食品安全方面的作用主要通过其下属的南非标准局（SABS）发挥。根据《标准法》，南非标准局具有法人资格，属法定机构（类似于中国的法律法规授权组织），负责促进和维护南非的国家标准，并对肉类含量超过10％的罐装肉类及罐装和冷冻海产品进行监管。

## （四）环境事务与旅游部

环境事务与旅游部主要负责影响食品安全的饮用水和杀虫剂、农药方面的管理。南非环境事务与旅游部立足农业生态环境监察，并定期开展全国农产品的质量安全普查，对饮用水和杀虫剂进行例行监测；研发农业生态环境类检验检测技术并制定相关标准，必要时进行农业环境污染技术仲裁，还负责相关技术的咨询、技术服务和农业环境监管工作人员的培训等。

# 二、其他农业相关组织机构

## （一）南非农业产业化服务组织

目前南非农业产业化服务体系基本没有政府力量的参与和扶持，而是以营利性的民间产业力量为主体构建的。以果木园艺业为例，它是南非农业中商品化程度最高的部门，它的产业化服务体系在南非农业中具有代表性。

南非最大的落叶水果销售商 Tru‑Cape 水果营销公司成立于 1999 年，是由 Ceres 集团、Kromco 集团和 Two‑a‑Day 集团 3 家公司共同投资组建的，这 3 家母公司分别占有 Tru‑Cape20％的股份，另外 40％的股份由 3 家母公司的股东直接拥有。这 3 家母公司是由合作社改组而成的，由 200 多位农场主共同拥有。

## （二）非政府性农业合作组织

合作社农业服务系统、植保合作社或其他组织作为种植业研究和推广机构，在农业发展过程中起着重要作用。另外，各个大学的农学院或农村社会组织在南非一体化农业服务体系中也提供多项惠农服务；农场学院、农业试验站在农业技术推广中同样发挥着不可替代的作用。

**1. 农业技术推广站**

农业技术推广站直接面向农民提供技术培训和推广业务，由省级农业管理机构管理并提供全部经费进行技术示范和推广工作。推广站有小型的农牧场，用于进行新技术和新品种的引进、试验和示范。推广站有一定数量的固定技术人员，也经常根据工作需要邀请研究人员到站短期工作。技术推广站的技术人员经常接受国家研究机构的培训，以获得新的技术知识。

技术推广站从研究机构获得新技术新品种后，先在站内农牧场进行引进和试验，再对农民和农场主进行培训。这种培训是完全免费的，对偏远山区和经济困难的农民还提供免费的生活安排。技术推广站一般针对某一项技术进行短期培训，有时也会为农业合作社培养基层的农业技术人员，这样的培训一般需要半年左右的时间。

**2. 农业企业**

在南非大约有1 000多家合作社型的农业企业提供新技术和新品种的引进和推广服务，占南非农业企业的绝大多数，另外有15家企业为这些合作社企业提供服务，包括粮食加工和销售、农业器械以及金融服务。合作社型企业组织引进新技术和新品种，当地技术人员会帮助农民使用新技术和开发新品种，有条件的合作社型企业还能为引进新技术和新品种提供金融支持。公司型农业企业数量较少，其新技术和新品种的推广活动往往以营利为目的。

**3. 合作社**

合作社运动在南非有很长的发展历史，早期发展缓慢，近年来发展迅猛。据南非贸易工业部合作社局介绍，1922年至1994年期间，南非仅成立了1 444个合作社，1995年至2004年十年间共有3 362个合作社成立，而2005年至2007年间，共有12 188个合作社成立。截至2018年12月，南非登记注册的合作社为23 154个。南非合作社的快速发展得益于政府的重视和支持。由于南非特殊的国情，政府希望合作社在解决贫富分化方面发挥作用，认为合作社可以在南非经济社会发展，特别是在促进就业、提高收入、消除贫困、广泛地促进黑人经济权利实现中扮演重要角色。政府出台了相关扶持政策，包括制定合作社发展规划、建立合作社发展基金、开展一系列同合作社业务相关的项目、设立发展合作社激励措施。

南非合作社类型众多，涉及农业、消费、营销、金融、住房、交通等多个领域，其中农业合作社占多数，这些合作社受到了黑人低收入者的普遍欢迎。南非贸易工业部合作社局是主管合作社的最高机构，南非合作社多数实行双重管理，除受合作社局的管理外，还接受行业部门的技术指导。目前，南非合作社发展也面临着一些困难，如：合作社数量虽然众多，但实力普遍较弱，许多合作社社员仅有几户，经营存在困难；合作社得不到足够的资金支持；合作社人才匮乏，管理薄弱，技术落后等。

# 第五章 CHAPTER 5

# 南非农业政策体系 ▶▶▶

南非农业之所以取得较好的发展成就，主要原因在于制定了一系列推动农业发展的政策，形成了有利于农业发展的政策体系。本章主要介绍南非的农村土地改革政策、农业投入和补贴政策、农产品价格支持政策、农村金融政策、农产品贸易政策、农业保险政策，以及农业公共服务保障体系。

## 第一节　农业政策体系

南非政府制定了一系列推动农业发展的政策，形成了有利于农业发展的政策体系。例如，政府颁布扶植农业的法令，增加对农业的投入，重视水利建设，提高农产品的收购价格，降低农产品的运输价格，制定保护农业的关税政策等。此外，国家还非常重视农业教育，许多中小学都设有农业专题课程。

### 一、政府调控农产品市场的建设与管理

南非建有布局较合理，规模较大，吞吐能力较强，市场信息准确，管理规范的农产品批发市场。其农产品市场有明显的特点：①政府宏观调控较多。政府关注并协调农产品市场布局，对农产品市场建设给予前期的资金扶持与启动。政府有关部门直接建设和管理农产品市场，南非最大的农产品批发市场是政府建立的；农产品市场管理费收取的比例，市场经纪人佣金的比率，市场管理人员的工资收入水平，以及农产品市场价格信息的提供和发布都由政府调控和指导。②市场管理规范。南非农产品市场都是实行董事会管理，有规范的章程和管理制度，有统一规范的入门、出门、称重、监控、结算系统，全过程实

行计算机管理。市场从农民将农产品送入、交代理商验货收货、价格谈判，到经销商买货、送货运出，再到结算划款转账，整个过程环环相扣，管理严格规范。③规范的市场管理有利于确保农民利益。南非的农产品市场规定市场管理中心收取不得超过交易额的 5％ 作为市场管理费，市场经纪人的佣金收取交易额的 7.5％，也就是说农民至少可以拿到其出售农产品货款的 87.5％，且 3 日内货款划入售货农民的账户。这种根据交易额的大小收取管理费和佣金的机制，使农民、市场管理者、市场经纪人利益相关，从机制上使农民避免了不应有的中间盘剥[①]。

## 二、建立发达的农产品市场流通机制

为促进农产品市场流通，南非农业部制定了农产品贸易和营销发展计划。为此，南非国家农业市场委员会每年向农业部划拨相应的支持资金，2000 年和 2001 年划拨资金 670 万兰特，2006 年和 2007 年增加到 1 160 万兰特，年均增长率为 9.7％（OECD，2006）。另外，为提高南非农产品的国际竞争力，南非政府实施的支持政策有：①加强对农产品出口市场的研究，培养农产品国际贸易专家，建立农产品病虫害监测和控制服务体系。2001 年南非政府在农产品质量检测和检疫方面的财政支出为 2.92 亿兰特，2007 年增加到 6.84 亿兰特（OECD，2010）。②建立农产品市场准入体系的同时建立出口市场投资援助框架。③加强信用保险公司为农产品出口企业提供贷款服务。④通过举办农产品交易会、组织农产品出口访问团等形式，增加南非农产品的国际影响力。⑤划拨专项资金对农产品市场及国际贸易发展趋势进行研究，向国内市场公开发布农产品市场信息。

## 三、农业用水政策

由于南非的气候及土壤条件，能否实现水资源可持续利用成为南非部分地区农业持续发展的决定性因素。1998 年南非政府颁布了《国家水法》（1998 年第 36 号法案），明确提出解决缺水地区居民（尤其是家庭农场）的用水问题。通常

---

① 高焕喜. 埃及、南非农业考察报告［J］. 山东省农业管理干部学院学报，2004（2）：44－45.

来说，南非的农业灌溉用水量约占其用水总量的 60%。1998 年的南非《国家水法》针对农业用水提出以下五方面的内容：①优先考虑小规模家庭农场的用水；②终止河流附近居民自然拥有水资源的原则；③整合流域管理体制；④通过流域管理协会分散水资源管理；⑤终止对用水的价格支持。《国家水法》的实施，不仅改善了农村居民的饮水条件，也改善了家庭农场的生产条件和食品卫生条件。

# 第二节　农村土地改革政策

1994 年 4—5 月南非进行了首次不分种族的大选，产生了制宪议会和新政府，这标志着种族隔离制度的结束，实行种族和解与国家团结以及振兴经济成为南非的首要任务。在这一前提下，政府必须本着协商与和解的精神，运用法律手段和市场机制，采取和平赎买方式，使白人土地回到黑人手中，从而加强社会稳定，提高生产水平，减少贫困，促进经济发展。任何非和平和非法律的方式，都与新南非的立国精神相违背，只能恶化种族关系，损害社会安定和经济增长，是不可取的。这就是南非土地改革的指导思想。这一指导思想已经在南非的根本大法——1993 年南非临时宪法和 1996 年南非正式《宪法》中得到体现与确认。2002 年 9 月，南非政府表示不容许非法夺取土地，但土地改革的步伐需要加速，因此，当协商机制受到阻碍无法推动下去时，会考虑放弃通过市场实行"愿买愿卖"以购买土地的原则，按照宪法规定为公共利益而征用白人土地。根据上述指导思想和南非颁布的有关文件规定，土地改革的基本方针政策可以概括如下。

## 一、土地改革的目的

改变种族隔离时期土地占有和使用的不公正、不平等状况，使黑人拥有自己的土地；促进国家和解与稳定；推动经济增长；改善农民福利和减少贫困。

## 二、土地改革的基本内容

### （一）实现土地回归

把 1913 年《土著土地法》实行以来被强行剥夺的黑人土地重新归还给黑

人。1994 年 11 月 8 日，南非国民议会通过了《土地回归权利法》，这是该立法机构成立以来所制定的第一部重要法律。该法规定，所有南非人有权要求归还 1913 年 6 月 19 日以后被强行剥夺的土地或得到财政赔偿。根据临时宪法和《土地回归权利法》，相继成立了土地回归权利委员会和土地申诉法庭，前者负责调查、协商和处理土地申诉事宜，后者则对有争议的土地申诉进行审理和作出判决。

1997 年 11 月，对《土地回归权利法》进行了修改，将解决土地申诉问题的侧重面从司法手段转为行政手段，规定土地事务部长在土地申诉者同意下可以介入运用行政手段来解决，以加速土地回归的步伐。进入 21 世纪，土地回归的步伐明显加快，有关财政拨款得到增加。1995—2000 年，仅有约 10% 的土地申诉受到调查和交付讨论，得到解决的不过 4 000 起左右。但是，截至 2002 年 10 月 25 日，在全部 6.9 万起土地申诉中，获得解决的已达 35 137 起，超过半数，付出赔偿金 120 亿兰特，归还土地 505 606 公顷，受益者达 424 643 万人。

2014 年，国民议会和各省议会通过了《土地回归权利修正法》，2014 年 6 月 30 日该法案被签署为法律。该法案修改了提出索赔要求的期限，以允许人们在 2019 年 6 月 30 日前提出索赔要求。并且，政府将制定一项与《土地回归权利法》分开的政策或法律，以承认 1913 年之前被剥夺的人民对土地的所有权。

截至 2020 年，政府已解决 80 664 项索赔案，使 210 万人受益，涉及的费用为 400 亿兰特，其中包括对受益人的经济补偿。有 163 463 人是女户主家庭。此外，政府已恢复了 350 万公顷土地，可用于促进农业和经济发展。在 2018/2019 财政年度，政府拨款 20 亿兰特以解决 1 151 宗土地索赔；7 亿兰特优先考虑对重置后的农场进行后期安置支持。

### （二）土地重新分配

土地重新分配的目的在于使需要土地的南非弱势群体获得土地居住和从事生产，主要对象是黑人中的穷人、佃农、农场工人、妇女及处于危机中的农民。达成这一目的的基本途径是通过市场购买土地，国家对购买费用及以后使用土地的费用给予财政支援。南非的《重建和发展计划》规定到 2015 年将 30% 的白人农田重新分配给无地的黑人。

南非根据 1993 年制定的《提供土地和援助法》，作为启动重新分配土地的法律机制。该法由于仍然存在不少缺点，1998 年又予以修改，以适合形势变化的要求。为了调整重新分配土地的步伐和提高分配质量，政府还针对复杂情况，制定了一系列具体的政策、制度、程序和执行方案。国有土地是土地重新分配的重要对象。据估计，国有土地达 3 200 万公顷，但实际上，大量国有土地已经被传统部落村社所控制和使用，可用于分配的国有土地不超过 200 万公顷。国有土地还包括军事用地，部分军事用地也需要交付分配。因此，光靠国有土地显然是不够的，还必须动员白人农场主向市场抛售土地。这就涉及市场价格、商业银行介入等许多具体问题。土地重新分配的进展也很缓慢，到 1996 年 11 月，才完成 28 起土地重新分配工作。

### （三）土地所有权和使用权经过土地回归和重新分配后，需要得到法律保障

经过种族主义统治和多年的发展变化，原有的土地占有、使用和转让在法律上的种种不完备和混乱之处，也需要进行清理、调整和使之明确。例如，在特兰斯凯、博普塔茨瓦纳、文达、西斯凯的大约 1 700 万公顷土地上，世世代代居住着广大黑人。他们是这片土地事实上的居住者、占有者和使用者，无人予以否认，但是却始终不曾享有明确的合法权利，这显然是不合理的。因此，土地的占有权和使用权问题也必须进行改革，其基本目的就是使每个南非人在土地的占有权和使用权方面都获得法律上的安全保证，使人们在可持续的状态下放心地对自己的土地进行投资和使用。这种改革就是南非土地改革的第三大内容。

南非制定了许多法律来推动土地改革。1996 年的《土地改革（佃农）法》和 1997 年的《扩大土地所有权和使用权安全法》，保护了农场工人和佃农不受任意驱赶，并为他们提供获得长期土地所有权的安全机制条件。1996 年的《村社财产协会法》允许村社以"村社财产协会"的名义成为法人，获得、保有和管理其土地财产，改变了过去法律上不承认村社拥有土地的情况，使村社居民受益。南非多年来一直试图制定一部关于村社的土地权利法，以明确和解决 1 500 万黑人（其中 900 万居住在传统酋长统治下的村社土地，600 万是一般农户）的土地权利，但由于矛盾重重，一直在争议中。此外，土地所有权和使用权的改革还涉及公有土地、国有土地的调查和管理，以及妇女土地权益的保护等诸多问题。2018 年 3 月，南非政府通过了一项法案，该法案允许征收商业农场而无需赔偿（主要由白人农民拥有）。2019 年底，政府机构进行了改

组，成立农业、土地改革和农村发展部（DALRRD）。

（四）南非政府对土地改革的立场及政策支持汇总

**1. 政府对土地改革的立场**

南非的土地改革在道德、社会和经济上都是当务之急。南非政府将继续在《宪法》的法治框架内加快土地改革的步伐，始终为国家的最大利益行事，开发土地的经济潜力，支持土地归还和重新分配，以支持农业生产和土地投资。

通过使更多的土地用于生产，为南非人提供更多的资产和机会来实现可持续的生计。通过融资、培训、市场准入、灌溉以及提供种子、肥料和设备等手段，为土地重新分配的受益人提供支持，所有这些都有助于新兴农业企业的可持续发展。

敦促南非人保持耐心并信任政府处理土地占用、农村发展和粮食安全问题的进程。拟议的宪法修正案旨在阐明和加强财产条款的基本原则，其中除其他事项外，禁止财产的任意剥夺，出于公共利益的考虑，征用是可能的，但会获得公正和公平的赔偿。解决土地改革问题不会削弱财产权，而是会确保所有南非人（不仅仅是目前拥有土地的人）的权利得到加强。

**2. 土地改革相关政策汇总** [①]

（1）《契据登记法》，1937 年第 47 号法。该法规定了土地登记制度的管理和土地权利的登记。它要求契约和公证人应准备契约和文件并将其存放在契约登记处。这些行为和文件均由具有法律资格的人员进行三个层次的检查，这些人员检查内容的准确性和是否符合普通法、判例法和成文法。

（2）《国家土地处置法》，1961 年第 48 号法。该法制定了处置某些国家土地的规定，并禁止通过时效取得获得国家土地。

（3）《征收法》，1975 年第 63 号法。该法规定为公共和定义中的某些其他目的征收土地和其他财产。

（4）《关于土地所有权法的升级》，1991 年第 112 号法。该法令规定了对土地分级的某些权利的升级和转换为所有权，以及将拥有完全所有权的部落土地转让给社区。

（5）《土地所有权调整法》，1993 年第 111 号法。该法规范了某些土地的

---

① 南非政府网站．https：//www.gov.za/issues/land-reform＃legislation．

分配或转移，一个或多个人对这些土地要求拥有所有权，但没有关于该土地的已登记所有权契据。

（6）《土地改革：提供土地和协助法》，1993 年第 126 号法。该法规定了某些土地的细分管理以及在该土地上人的居住管理。此外，它规定了财产的购置、维护、规划、改善和处置以及为土地改革目的提供财政援助。

（7）《土地回归权利法》，1994 年第 22 号法。1994 年，第一届民主选举的国民议会通过的第一部法律是《土地回归权利法》。该法规定，由于过去的种族歧视性法律或惯例，所有南非人有权要求归还 1913 年 6 月 19 日后被强行剥夺的土地或得到财政赔偿。为了执行这项任务，该法设立了土地回归权利委员会和土地申诉法庭。部长有权为了恢复原状而以任何其他方式购买、获取或征用土地或土地权利。

（8）《土地管理法》，1995 年第 2 号法。该法规定了将权力下放和将有关土地事务的法律管理权分配给各省。

（9）《土地改革（佃农）法》，1996 年第 3 号法。该法对佃农和农场工人的土地使用权作出了规定。它还为佃农获取土地和土地权利做出了规定。

（10）《村社财产协会法》，1996 年第 28 号法。该法令规定社区组成法人，即所谓的村社财产协会，以便在社区成员同意的基础上获取、持有和管理财产。

（11）《临时保护土地权利法》，1996 年第 31 号法。该法规定了对土地某些权力和利益的暂时保护，而这些权利原本没有受到法律的充分保护。

（12）《土地测量法》，1997 年第 8 号法。该法令规定了对南非土地测量的管理。

（13）《延长保有权担保法》，1997 年第 62 号法。该法令规定了促进土地使用权的长期安全，规范某些土地上的居住条件以及规范可终止人在土地上的居住权的条件。

（14）《某些农村地区的转变法》，1998 年第 94 号法。该法规定将某些土地转让给市政当局和某些其他法律实体，并取消对土地转让的限制。

（15）《空间规划和土地使用管理法》，2013 年第 16 号法。该法为国家的空间规划和土地使用管理提供了框架。

（16）《财产评估法》，2014 年第 17 号法。该法规定设立估价总署；管理已确定用于土地改革的财产以及已确定要由部门收购或处置的财产估价。

（17）《电子契约注册系统法》，2019 年第 19 号法。该法规定了电子契约注册办法。

（五）南非 2030 年发展计划

《国家发展计划》（NDP）指出，土地改革将不断创造就业机会，开发农业部门的潜力。《国家发展计划》以如下原则为基础进行土地改革：

（1）在不扰乱土地市场秩序或影响农业综合企业商业信心的情况下，允许农用土地更快地转移给黑人受益人。

（2）为了确保在被转移土地上可以实现可持续生产，在土地转移之前，人们要先通过农业科技培训以提升农业生产技能。

（3）建立监测机构，以保护土地市场免受腐败和投机活动的侵害。

（4）使土地转让目标与财政和经济现实保持一致，以确保土地能够被成功转让。

（5）为农场主和有组织的行业机构提供机会，使其通过产业链整合、优惠采购和有意义的技能培训，为农业可持续发展作出重大贡献。

## 第三节 农业投入和补贴政策

### 一、农业投入和补贴现状

自 20 世纪 90 年代起，南非政府推行以土地改革为核心、以市场为导向的国内农业政策改革。一是依靠《土地回归权利法》《土地所有权调整法》等法律支持，推进以土地归还、土地重新分配、土地所有权改革等为内容的土地改革，改变种族歧视引起的土地资源配置严重扭曲等问题。2007 年出台土地收购政策以替代土地再分配计划，将新收购的土地登记为国家所有，并以租赁的方式提供给选定受益人，待约定租期期满后，受益人可以自主处置土地。二是出台《农产品销售法》，放松对农业生产部门管制，大幅减少对农产品销售和价格的干预，取消所有出口补贴以及除食糖以外的农产品价格支持，仅依靠关税措施实施价格支持。

进入 21 世纪，南非政府积极调整农业支持方向，将大部分财政补贴投向与土地改革、新兴农场和小农户有关的项目。如 2004 年引入"综合农业支持计划"（CASP），向土地改革的受益者和获得土地的黑人提供信息和知识管理、技术和咨询援助、培训和能力培养、市场营销、农场基础设施建设、农业生产投入等支持服务。2008 年和 2009 年该项支出分别达到 7.15 亿兰特（折合 8 700 万美元）和 5.44 亿兰特（折合 6 400 万美元），相当于财政预算支出的 1/3。

2005 年实施"小额信贷计划"，向农户特别是土地归还、土地再分配和土地所有权改革受益者提供小额贷款，2008 年提供 9 500 万兰特的零售贷款。

2008 年政府启动"Illima/Letsema 计划"，下拨的财政资金主要用于支持小农部门的农业生产建设投资，2008—2010 年支持额度分别为 9 600 万兰特、5 000 万兰特和 2 亿兰特，2011—2012 为 4 亿兰特。

2009 年启动"农村地区全面发展计划"，2009 年和 2010 年分别资助 2.63 亿兰特和 2.56 亿兰特。2010 年实施"机械化计划"，财政预算支持达 4.2 亿兰特，用于购买拖拉机及配套设施，为新兴农户提供机械化服务。2012 年，政府增加了农业加工业投资，以改善大豆、水果、蔬菜和林业等产品的生产，并拨款 5 000 万兰特用于促进当地的农业加工业务。

2012—2013 年度拨款 1.15 亿兰特为 1.5 万小农，包括向小规模林农和渔民提供支持。继续为"Illima/Letsema 计划"拨款 4.15 亿兰特以确保粮食安全。拨款 9.54 亿兰特用于动植物生产，以及检查和实验室服务；拨款 9.35 亿兰特用于农业研究。2013—2014 年为农业拨款 4.55 亿兰特。

2014—2015 年支出重点是通过"综合农业支持计划"（CASP）向小农户提供农业支持来增加粮食产量；并执行"土地保育计划"和"Fetsa Tlala 粮食安全计划"，以及"Illima / Letsema 计划"。农业、林业和渔业部（DAFF）支出超过 70 亿兰特的有条件补助金，以支持各省约 43.5 万人的生活和 54 500 个小农生产者，并改善农技推广服务。

2015—2016 年度，16.42 亿兰特分配给"综合农业支持计划"（CASP）；并向"Illima / Letsema 计划"拨款 4.914 亿兰特；向"土地保育计划"拨款 6 930万兰特；向"Fetsa Tlala 粮食安全计划"拨款 6.78 亿兰特；向 Ncera 农场投资 593.5 万兰特；向国家农业营销委员会（NAMC）拨款 3 500 万兰特。

2016—2017 年度，"综合农业支持计划"（CASP）获得拨款 16.42 亿兰特，其中 11.48 亿兰特直接通过基础设施、生产投入、培训和能力建设（包括南非农业规范）认证为农民提供了支持。3.46 亿兰特用于加强推广服务，其中 7 080 万兰特用于振兴农业学院，7 660 万兰特用于洪灾灾后恢复工作。

DAFF 与农村发展和土地改革部（DRDLR）合作，支持"农业园区计划"。该计划旨在：建立和维护农业加工设施等生产所需要的基础设施；为农民和供应商建立网络并提供后勤服务；促进生产的发展活动，以创造就业机会和发展农村经济。DAFF 还向农民提供 100 万公顷土地来支持发展，并为农民提供有关粮食安全的咨询服务和培训。为新农民提供 3.4 亿兰特的财政支持，改善农民获得生产投入（如肥料、种子、幼苗和化学药品）和农场基础设施的途径，以吸引更多人从事农业、林业和渔业。

2017—2018 年度，DAFF 获得了 68.07 亿兰特的财政拨款，其中 22 亿兰特作为有条件赠款，以支持农民；16 亿兰特用于"综合农业支持计划"；5.22 亿兰特用于"Illima / Letsema 计划"；2.2 亿兰特被留给小农发展，目标是到 2022 年拥有 2 250 名黑人商业农民。DAFF 计划花费 2.41 亿兰特与南非统计局合作进行农业普查，建立一个农民登记系统，将收集到的信息用于支持农民生产。

2019 年新成立的农业、土地改革和农村发展部（DALRRD）宣布了一系列干预措施，针对陷入财务困境的小农提供 12 亿兰特的援助。其中，在"积极土地收购战略（PLAS）计划"中为农民提供 4 亿兰特，其余的则分配给家禽业的农民（购买日龄雏鸡、饲料、药物和木屑）、畜牧业的农民（购买饲料和药品）、蔬菜业的农民（购买苗木、肥料、杀虫剂、除草剂和土壤改良）。并且优先考虑援助妇女、青年和残疾人。DALRRD 还向土地银行提供了 1 亿兰特的援助，以帮助处于困境的农民。

20 世纪 90 年代末，南非农业补贴支持的产品主要有精制糖、牛奶、羊肉、玉米和小麦。目前，特定农产品补贴率（％PSCT，即某一单项农产品获得的生产者补贴水平 PSCT 与生产该产品经营收入的比率）显著降低，由 1995 年的 14.07％逐步降至 2010 年的 0.43％。2008—2010 年，南非对精制糖的平均补贴率达 13.01％，其余依次为牛奶 5.64％、玉米 4.59％和向日葵 1.08％。除去玉米，这些农产品的补贴率都远低于 OECD 国家平均水平。牛肉为 -0.23％、禽肉为 -0.85％、猪肉为 -1.1％、鸡蛋为 -1.09％，均为负保护，而 OECD 对这些产品平均补贴率均在 5％以上。

南非农业补贴政策措施主要包括：价格和收入支持策略；土地改革；黑人发展农业经济赋权计划（AgriBEE）；农业投入和融资政策；减免税收。

由于历史遗留问题，南非土地集中在国家和大资本家手中，商业化农业一度蓬勃发展，而家庭小农生产发展受限，农业系统二元结构突出。在这种系统特征下，一方面商业化农业释放出大量经济剩余人口，资本压低农业工资，并攫取了绝大部分农业剩余；另一方面部分农村家庭只能通过生存性农业生产获得基本生活支持，没有其他收入来源，农业未得到政策大力支持，存在较多发展限制。南非公共财政对农业支持水平很低，2010—2016 年南非农林水事务支出占财政总支出的比例连年下降（表 5 - 1）。从财政资金流向看，2016 年公共财政对包括农业在内的经济发展事务的支付比例为 10%，远低于 24% 的公共服务支出、19% 的教育支出和 14% 的社会保障支出。这意味着农业灌溉、仓储、道路等农业公共基础设施建设得不到政策大力支持，农业经济发展条件较差。对南非家庭农业的调查发现，受干旱、农业基础设施建设滞后等因素影响，从事小农生产的家庭从 2011 年的 290 万户减少到 2016 年的 230 万户，减少了约 20%。[①]

表 5 - 1　2010—2016 年农林水事务支出情况

单位：亿美元、%

| 年份 | 财政总支出 | 农林水事务支出 | 比例 |
|------|-----------|--------------|------|
| 2010 | 1 263.20 | 21.70 | 1.72 |
| 2011 | 1 332.23 | 21.90 | 1.64 |
| 2012 | 1 289.80 | 20.79 | 1.61 |
| 2013 | 1 351.04 | 21.18 | 1.57 |
| 2014 | 1 398.69 | 21.92 | 1.57 |
| 2015 | 1 446.99 | 20.47 | 1.41 |
| 2016 | 1 463.74 | 19.60 | 1.34 |

注：以 2010 年为不变价格。
资料来源：FAO。

## 二、农业支持的特点

### （一）农业支持水平主要特点

**1. 农业支持总量（TSE）波动明显，自 20 世纪 90 年代以来呈下降趋势**

南非对农业支持总量的下降是 20 世纪 90 年代中期开始实施的政策改革的结果。政策改革导致对农产品销售的放松管制，南非国内市场的自由化，并减少了农产品贸易的壁垒。这些改革减少了政府对市场的价格支持和预算支持，

---

① 何蕾，辛岭，胡志全. 减贫：南非农业的使命——来自中国的经验借鉴［J］. 世界农业，2019（12）：62 - 70.

从而大大减少了对农业的总体支持力度，并增加了商业部门的市场导向。1995—2001 年间，南非农业支持总量持续下降，从 71.09 亿兰特减少至 44.33 亿兰特。2002 年由于玉米、牛奶和食糖的市场支持价格大幅上涨，农业支持总量迅速增加至 103.19 亿兰特，2002—2006 年间，南非农业支持总量波动较为明显，2006 年增加至历史峰值 113.73 亿兰特，2010 年已减至 61.97 亿兰特。但就相对水平而言，％TSE 呈明显下降趋势，2008—2010 年平均为 0.3％，低于 OECD 国家平均水平 0.88％，也低于同属金砖国家的中国（2.24％）、俄罗斯（1.56％）和巴西（0.55％）。自 2010 年以来，南非对农业的支持总量（TES）一直不到农业总收入的 5％。在 2016—2018 年度，对农业的支持总量约占农业总收入的 3％，约占 GDP 总量的 0.3％。在 2017—2019 年度，对农业的支持总量约占农业总收入的 4％，约占 GDP 总量的 0.3％。

**2. 农业生产者支持（PSE）水平较低，整体呈显著下降趋势**

由于南非农业部门二元结构异常突出，南非政府取消了大部分价格支持措施，仅实施关税保护措施。受国际市场价格波动影响，导致其市场价格支持及农业生产者支持水平剧烈波动。2002 年以来，农业生产者支持（PSE）最高达到 78.73 亿兰特（2006 年），最低仅 29.11 亿兰特（2010 年），几乎呈现"一增必连一减"的波动特点。以相对水平％PSE（即 PSE 占农业总收入的比重）测度，从 1995 年的 14.87％下降至 2010 年 2.21％；其中 2008—2010 年平均水平只有 3.2％。％PSE 与 OECD 国家平均水平（20.1％）和主要发达国家挪威（60.3％）、日本（48.8％）、韩国（47.1％）、欧盟（21.8％）、美国（8.5％），以及部分发展中国家土耳其（27.2％）、墨西哥（12.3％）、俄罗斯（21.8％）、中国（11.5％）、巴西（5％）等相比，差距十分明显。在 2016—2018 年度，对农业生产者支持（PSE）约占农业支持总量的 65％，其余 35％为该行业的一般服务提供资金。

**3. 农业一般服务支持水平（GSSE）保持基本稳定**

针对整个农业部门的服务补贴支持主要集中在农业研究和发展（包括研究、技能培训和农业经济服务）、基础设施建设、检疫服务三大领域，从 1995 年的 24 亿兰特缓慢增长至 2010 年的 33 亿兰特，仅增长 37.5％，比 2003—2006 年每年约 36 亿兰特稍有下滑。

**4. 农业支持政策对国内农产品市场的干预减弱**

数据显示，南非的生产者名义支持系数（NACp）从 1995 年的 1.17 降至

2010 年的 1.02，消费者名义支持系数（NACc）相应从 1.19 降至 1.00。这意味着农业生产者从农业支持政策获得的超额收入、消费者为农产品实际支付的超额支出（与国际市场相比）均在不断减少，亦表明农业支持政策措施对市场干预的程度越来越小。

### （二）农业支持结构主要特点

**1. 生产者支持结构较为简单**

根据 OECD 对农业支持政策的分类，南非仅包括市场价格支持、基于投入品使用的补贴、与农业生产挂钩的基于现期种植面积/牲畜数量/经营收入/所得收益（A/An/R/I）的补贴这三类政策措施，而与农业生产挂钩的基于非现期 A/An/R/I 的补贴、与产量不挂钩的基于非现期 A/An/R/I 的补贴、非商品标准补贴、混合补贴等四类措施并未采用。其中，脱钩的直接补贴措施完全没有实施。从农业支持总量构成分析，南非农业生产者支持占农业支持总量的比重从 1995 年的 65.8% 减少至 2010 年的 47%，一般服务支持占农业支持总量的比重从 34.2% 上升到 53.0%，表明农业支持政策对农业生产者经营决策的影响越来越弱。从农业支持总量来源结构分析，南非消费者向农业部门的价值转移占农业支持总量的比重从 1995 年 77.9% 下降至 2001 年 55.2%，农业支持的政策成本主要由农产品消费者承担。而 2008—2010 年该比例平均仅为 28.3%。与之对应，纳税人向农业部门的价值转移占农业支持总量的比重由 1995 年 31.8% 提高至 2010 年 87.4%，其中 2008—2010 年平均为 72%，表明纳税人已逐步承担起农业支持的政策成本。

**2. 价格支持始终是基本措施**

南非政府通过特别关税、从价关税及关税配额等支持国内农产品价格，但农产品平均关税仅为 9.4%，远低于 WTO 平均税率 39.2%；关税配额外农产品约束税率也只有 20%。1995—2000 年，市场价格支持占农业生产者支持的比重一直保持在 93% 以上，2001—2009 年总体呈波动下降趋势，从 2000 年 97.5% 下降至 2009 年 63.4%。尽管 2010 年迅速降至 19.1%，但价格支持措施依然是南非农业生产者支持的重要组成部分。

**3. 农业生产者支持中的财政预算支持**（含挂钩直接补贴和脱钩直接补贴）**日益发挥重要作用**

1995—2000 年，南非的财政预算支持年均仅有 1.37 亿兰特。自 2001 年以来，财政预算支持大幅增长，当年增至 4.54 亿兰特。2010 年，南非财政预算支持达 23.56 亿兰特，占农业生产者支持的比重陡增至 80.9%。根据中国商务部西亚非洲司发布的《南非 2019 年国情咨文和财政预算报告分析》，在 2019/2020 年度的财政预算中，南非政府拿出 37 亿兰特用于帮助新兴农民获取土地，农业生产者支持中的财政预算支持日益发挥重要作用。

**4. 挂钩直接补贴以农业投入品为主**

挂钩直接补贴由燃料税补贴、土地基金、农场投资三大补贴项目构成；与农业生产挂钩的，基于现期种植面积/牲畜数量/经营收入/所得收益的补贴，主要是政府对干旱、洪涝等灾害损失的补偿。

总的来看，南非农业支持总量水平及农业生产者支持水平较低，且呈现明显下降趋势；农业支持水平因市场价格支持的变化而呈明显波动；农业支持政策对国内农产品市场的干预和扭曲明显减少；农业支持结构单一，以关税为核心的价格支持措施和以农业投入品补贴为主的直接补贴措施，构成了农业支持制度的基本框架[①]。

## 第四节　农产品价格支持政策

南非农业价格政策的制定旨在稳定农民收入、维持价格平稳。小麦和玉米市场的价格政策由垄断市场管理委员会管理，委员会支持生产商固定农业价格，在国际和国内市场上以不同价格出售。

在南非，对食品市场的监管决定了从 BLS 国家（博兹瓦纳、莱索托、斯威士兰）进口的价格。此外，南非农业价格策略与南部非洲关税同盟其他国家食品安全之间存在由来已久的关系。1969 年的南部非洲关税同盟（SACU）协定是南非和 BLS 国家合作的正式基础。此协议包含了适用于关税联盟国家的食品和非食品贸易的其他规则。南非针对 SACU 的对外贸易设置了进口税、消费税和销售税。对于食品类产品，关税政策和农业政策之间存在着密切的关系。通过关税政策，南非的农业以及食品政策将会有效约束并决定 BLS 国家的农业以及食品政策。

以 BLS 国家中的博茨瓦纳为例。通过 SACU 规则，南非农业价格政策影

---

①　宋莉莉，马晓春. 南非农业支持政策及启示［J］. 中国科技论坛，2010（11）：155－160.

响到博茨瓦纳粮食安全的前景，同时，博茨瓦纳的玉米和食糖进口价格与南非的玉米和食糖生产价格高度相关。具体表现在：1969—1984 年间，受南非农业价格政策的影响，博茨瓦纳谷物市场的经济收益有所降低。与此同时，南非玉米价格政策也影响了博茨瓦纳。受南非玉米价格政策的影响，1969—1974 年间，博茨瓦纳的玉米进口价格低于世界市场进口价格，但 1977—1984 年间（除 1981 年），受南非农业价格政策的影响，博茨瓦纳玉米进口价格上涨导致了较高的进口以及进口支出水平。尽管在南非，糖的价格不受农业价格策略保护，早期糖的价格受制于股票政策和国际协议，低廉的运输成本使得南非可以以更低的价格向 SACU 其他国家出口糖。但是，对食品行业价格策略的分析表明，价格策略对谷物的影响过度转移到了对糖的影响上。在博茨瓦纳，净收益效应对食品进口部门有 9 年是负面影响，7 年是正面影响。在食品行业，随着时间的推移，SACU 价格策略对博茨瓦纳的收益影响变得日益消极，个人收益也随着 SACU 中食品行业受到的负面影响而变化。

由对博茨瓦纳的分析可以得出：一方面，SACU 中农产品进口价格与世界市场价格相隔绝。谷物进口的减少和谷物进口开支的减少源于进口需求的价格弹性特点，SACU 国家的食品进口价格增长速度将超过世界市场价格。因此，随着时间的推移，政策性粮食进口的总量将会下降，经济收益将会提升。另一方面，南非的农业关税政策对博茨瓦纳的谷物和食品进口价格产生了稳定影响。

20 世纪 90 年代南非实施了诸多的政策改革，以实现更强的农产品市场导向。1996 年《农产品销售法》的出台，大大减少了国家对农产品销售和农产品价格的干预，对农业食品生产的所有部门都放松了管制，没有通过国内市场措施采取价格和收入支持措施。根据该法案，国家农业市场委员会（NAMC）是与农产品销售有关的主要政府咨询机构。在现行制度下，没有国内市场干预措施，也没有出口补贴。南部非洲关税同盟（SACU）实施的边境措施是唯一的价格支持政策。在一定程度上，南非虽然不进行政府的直接干预，但甘蔗和糖是一个例外。《制糖工业协议》和《2000 年制糖法》（制糖生产链中不同代理商之间的协议）仍然允许仅通过单渠道产业安排出口原糖，并为在国内市场上出售的食糖分配数额。但除了糖、牛奶和小麦等少数农产品，南非的国内价格与世界价格水平基本保持一致。农业贸易政策改革的主要目标是促进农业部门融入全球经济，以鼓励竞争。农产品价格将继续由市场力量决定，政府不会直接干预和影响它们。生产者、加工者和消费者应采取各自的措施来管理价格风险。政府可以使用关税为国内生产商提供合理的保护水平。

1996 年的《农产品销售法》中对小麦、乳制品等农产品规定指导价格并进行了多次修订。2006 年 9 月 29 日，确定小麦、硬粒小麦、大麦和燕麦的指导价格分别为 1 222、1 284、1 305 和 1 000 兰特/吨。2010 年 8 月 20 日，确定小麦、大麦和燕麦的指导价格分别为 2 457、2 195 和 1 700 兰特/吨。2014 年 11 月 11 日，确定小麦、大麦和燕麦的指导价格分别为 3 139.30、2 445.00 和 2 132.00 兰特/吨。2016 年 9 月 30 日，确定小麦和大麦的指导价格分别为 3 699.00 和 3 000.00 兰特/吨。2018 年 9 月 28 日，确定小麦的指导价格为 4 202.32 兰特/吨。2019 年 9 月 30 日，确定小麦的指导价格为 4 269.02 兰特/吨。

2005 年、2013 年、2017 年确定牛奶及其他乳制品的指导价格如表 5-2 所示。

表 5-2　2005—2017 年牛奶及其他乳制品的指导价格

单位：兰特/千克

| 产品描述 | 2005 年 | 2013 年 | 2017 年 |
|---|---|---|---|
| 牛奶和奶油，不能浓缩，也不能添加糖或其他甜味剂 | 1.79 | 3.54 | 4.65 |
| 浓缩或含糖或其他甜味物质的牛奶和奶油 | 17.40 | 39.00 | 60.00 |
| 酪乳，凝结的牛奶和奶油，酸奶，牛奶和其他发酵或酸化的牛奶和奶油，无论是否浓缩或包含加糖或其他甜味剂或调味剂或包含添加的水果、坚果或可可粉 | 6.85 | 17.40 | 23.00 |
| 乳清，无论是否浓缩或含有添加的糖或其他甜味剂；由天然牛奶成分组成的产品，无论是否包含添加的糖或其他未指定或未包括的其他甜味剂 | 5.28 | 11.00 | 14.00 |
| 黄油和其他源自牛奶、乳制品涂抹酱的油脂 | 18.56 | 38.00 | 58.00 |
| 奶酪和凝乳 | 26.00 | 51.00 | 84.00 |

## 第五节　农村金融政策

### 一、信贷支持

1994 年以前，农业信贷局（Agricultural Credit Board，ACB）是南非执行农业信贷支持政策的唯一机构，它负责对商业农场提供低于市场利率的贷款业务，信贷资金来自农业部的财政预算。随着农业信贷支持造成的财政负担不断加重，1994 年民主选举后，信贷资金支持的对象有农业合作组织、农产品营销组织以及个体农户等。

土地银行的贷款利率低于商业银行的利率。土地银行利用自身收益来维持发展，运营资金主要来自于金融市场。南非政府面向土地银行提供的优惠政策是：土地银行不需要向政府缴纳税费和股息。2002年南非政府颁布了《土地和农业发展银行法案》（2002年第25号法案），该法案指出土地银行应该在促进"公平获得土地所有权，特别是帮助历史上曾经处于劣势地位的黑人获得土地所有权"方面提供金融服务。土地银行在纯粹商业型运营的基础上向不同的客户（包括农村企业家）提供金融服务。作为南非金融机构，土地银行获得南非政府的授权，为"综合农业支持计划"（CASP）提供服务，CASP主要侧重于在以下领域提供支持：农场内外基础设施和生产投入；有针对性的培训，技能发展和能力建设；营销和业务发展与支持；信息和知识管理；技术和咨询服务，监管服务和金融服务。到2017年CASP支出为15.06亿兰特，2018年为15.95亿兰特。除了为商业农场和农业产业提供融资服务外，土地银行还为土地再分配计划（LRAD）提供贷款服务。那些首次购买耕地的家庭农场可以得到土地银行的"特别贷款"服务，即：家庭农场主可向土地银行申请其所购耕地开支80%的贷款，贷款利率为10%（低于南非其他商业银行的贷款利率）。从2007年开始，一项新计划"积极土地征用战略"（PLAS）有效取代了土地再分配计划。通过PLAS获得的新土地以州名进行注册，并根据租赁合同提供给选定的受益人，受益人将在约定的租赁期后处置该土地。

农业、林业和渔业部（DAFF）与农村发展和土地改革部（DRDLR）提供后期援助，包括向新农民提供生产贷款，支持土地改革的受益者和广大小农户，以帮助他们发展能够维持生计的农业活动。另外，为促进农村地区发展，2005年1月南非政府批准建立"南非小额信贷计划"（MAFISA），其主要内容是：优先向小规模家庭农场的农场主、佃户、农村小企业家等涉农人员提供储蓄、信贷、保险等服务。

## 二、税收优惠

为促进农业的发展，民主选举之后的南非政府制定了延缓征收农业税的支持政策。具体的征收方式为：将一年一次全额征收改为3年分批次征收，即：第一年征收当年农业税的50%；第二年除征收当年农业税的50%外，再征收前年农业税的 30％；第三年除征收当年农业税的 50％、前年农业税的 30％ 外，再征收前年农业税的 20％。为农民，尤其是土地归还、土地再分配和土地使用权改革计划的受益者提供了融资渠道。省农业厅还通过协助潜在客户填写申请表并传播信息来发挥作用。信用评估委员会对申请进行评估，然后再提交给相关的发展金融机构。从 2008—2009 年度起，MAFISA 认可了 8 个金融中介机构，向 12 600 户新兴农民和合作社销售了 9 500 万兰特（合 1 150 万美元）的经济作物、家禽、猪、鸵鸟和其他牲畜以及小型农用设备。2010—2011 年度获得贷款的农民人数减少到每年 6 000 人。

另外，为提高家庭农场农业机械化应用水平，从 2000 年开始南非政府实行了"柴油退税制度"（Diesel Refund System），免除因农业生产使用柴油的燃油税金（南非的燃油税率为 31.6％）。2001 年南非政府对农业生产使用燃料的财政支持为 3.28 亿兰特，2007 年增加到 4.93 亿兰特。到 2010 年为每升柴油补贴 1.3 兰特（约占批发价格的 12％），2011 年为 1.42 兰特，2012 年为 1.58 兰特，2013 年为 1.75 兰特，2014 年为 2.10 兰特。

## 第六节　农产品贸易政策

### 一、农产品贸易政策发展历程

为了更好地理解农产品贸易的模式，有必要简要概括一下南非农业部门管制放松的进程。南非农业在 20 世纪 70 年代实行了完全的种族隔离：对商业农业的补助达到顶峰，而对"黑人家园"的农业生产基地除了少数以外，没有提供任何有意义的补贴支持。到 1980 年前后，农业政策开始发生改变。首先，管制的放松从农业部门之外开始，金融行业管制的放松标志着长期货币贬值和利率增加的开始，结果给农业投入（由相当大的进口构成）和信贷带来巨大压力。其次，20 世纪 80 年代中期劳动力流动方面的许多管制得以解除，大量人口流向城镇。最后，大量微观经济领域管制得以放松，非正式经济活动显著增加，其中包括了城市地区农产品非正式市场的增加。

其间，南非的农业产业政策也发生了一系列变化，包括对部分农产品价格开始实行关税化贸易保护；放松《1968 年营销法案》及其他立法对农业的管制；减少对农民的隐性补贴而代之以所得税减免；降低农业直接预算支出等。

因此，20 世纪 80 年代，南非农业以试图提高商业化农业的效率和生存能力，以及在现有制度框架下的财政可持续性为主要特征。1994 年南非进行了第一次民主选举并采取了一系列改革举措，其中最重要的改革措施包括：贸易自由化、土地改革、公共部门机构重组、《农产品营销法》和《国家水法》的颁布以及劳动力市场政策的改革。

1990 年《农产品标准法》（1990 年第 119 号法）规定了对某些农产品及其他相关产品的销售和出口的控制，以期维持有关产品质量和包装的某些标准。此外，8.68 亿兰特用于粮食安全计划，3.49 亿兰特用于扩展支持服务，包括对新农民发展支持。

南非的贸易体制也发生了变化。成为《建立世界贸易组织的马拉喀什协议》签约国以后，南非旧营销法案下的数量限制、从量税和价格控制、进出口许可证以及其他法规都被关税措施所取代。此外，南非还单方面将大部分农产品的关税水平降到远低于《建立世界贸易组织的马拉喀什协议》约定的税率。

南非对农产品和食品的进口保护基于特定关税和从价关税。它还规定了特定于国家和产品的关税配额（TRQ），以及反倾销和反补贴税。1994 年，南非成为南部非洲发展共同体（SADC）的成员国。为实施自由贸易协定，南部非洲发展共同体纳入了不对称原则：五年内（到 2005 年）逐步削减 SACU 关税（从 2000 年开始）；南部非洲发展共同体其他国家的协定在 12 年内，即到 2012 年完成。南非是南部非洲关税同盟（SACU）的成员，所有成员建立了共同外部关税。因此，从 2012 年起，南部非洲发展共同体的自由贸易协定（FTA）已得到全面执行。农产品的平均关税为 9.4％，远低于 WTO 对农产品的平均关税 39.8％。与所有产品的总体平均价格相比，农产品的平均关税保护要低。对于玉米和小麦，采用了基于国际参考价格的移动平均关税制度。玉米的零进口关税（自 2007 年开始适用）在 2018—2019 年度继续执行。当国际价格高于参考价格时，对这些商品征收的关税为零。在最低市场准入承诺下，一系列农产品存在关税配额，关税为约束关税的 20％。对于某些产品，从欧盟和欧洲自由贸易联盟个别国家的进口产品享有特惠关税，而 SACU 以外的来自南部非洲发展共同体（SADC）国家的进口产品免税。反倾销和反补贴税在 2008—2010 年度不适用。2017 年 9 月，南非降低了小麦进口关税。

自 1997 年 7 月取消一般出口奖励计划（GEIS）以来，南非没有对农产品提供任何出口补贴。但是，南非糖业协会（SASA）实行的糖价分摊制度有效地补贴了糖出口，而成本则由当地食糖消费者承担。出口营销和投资援助（EMIA）是一项政府计划，旨在向国外市场推广南非产品。EMIA 部分补偿了出口商为开发南非产品和服务的出口市场而开展的活动，以及在南非招募新的外国直接投资所产生的费用。

## 二、农产品贸易协定

南非在南部非洲地区三个最重要的贸易关系包括：南部非洲关税同盟（SACU）——代表了一体化水平的最高层次，南部非洲发展共同体（SADC）和南非—津巴布韦双边协议。

由南部非洲关税同盟（SACU）和莫桑比克组成的南部非洲发展共同体（SADC）与欧盟谈判了《经济伙伴关系协定》（EPA）。该协议于 2016 年对 SACU 生效，莫桑比克在 2018 年 2 月全面实施加入。它对从欧盟进口的几乎所有贸易都给予优惠关税。同样，从莫桑比克（SACU 之外唯一的南部非洲发展共同体国家）进口免税，只有很少的例外。区域一体化和非洲内贸易的增加是南非的高度优先事项。作为南部非洲发展共同体的一部分，SACU 正在与东非共同体（EAC）及东非和南部非洲共同市场（COMESA）合作，建立三方自由贸易区（TFTA）。TFTA 倡议促成了非洲大陆自由贸易区（AfCFTA）的谈判。该协议是就商品和服务贸易以及竞争、投资和知识产权等其他与贸易有关的问题进行更详细谈判的起点。非洲领导人于 2018 年 3 月 17—21 日在卢旺达基加利举行了一次特别峰会，其间提出了建立非洲自贸区协定以供签署。在 55 个非洲联盟（AU）成员国中，有 44 个成员国签署了《非洲自由贸易协定》。此外，包括南非在内的 5 个国家于 2018 年 7 月 1 日在毛里塔尼亚举行的非洲联盟第 31 届首脑会议期间签署了该协定，签署国总数达到 49 个。

南非还是《美国非洲增长与机会法案》（AGOA）的受益者，该法案是一项非互惠的贸易优惠计划，该计划授予符合资格的撒哈拉以南的非洲国家免税的免配额（DFQF）进入美国。AGOA 法案于 2000 年颁布，为期 8 年，至 2008 年。最初的法案已延期至 2015 年，并进一步延长至 2025 年。AGOA 法案对南非的一些农业子行业产生了积极影响，尤其是葡萄酒、澳洲坚果和橘子的出口。

# 第七节　农业保险政策

南非农业风险管理曾广泛采取的做法是，对遭受自然灾害的农场主给予一定的现金补贴。20 世纪 90 年代中期以后，随着农产品自给性生产压力的减小，南非政府已很少对农业进行直接补贴，而是鼓励农场主通过参加商业保险以减少损失，政府则通过加强信贷服务、完善预警机制、资助灾后基础设施重建等间接措施支持农业的发展。

南非保险产业比较发达，保险品种丰富，体系也十分完备，具有很强的竞争力。南非保险领域活跃着提供短期保险的公司、提供长期保险的公司、再保险机构和中介机构。农业保险基本上由提供短期保险的互助保险社和商业性保险公司承办。目前，约有一半农民为自己种植的作物购买了作物保险，大多数农民通过合作社购买作物保险，而不是保险中介。虽然南非政府不直接参与农业保险的经营，但对商业保险没有涵盖的一些自然灾害，一般通过优惠利率的贷款和担保的方式提供公共灾害援助金来对农场主的损失进行补偿，同时通过特别公共援助金对由于干旱给畜牧业造成的损失进行援助。

南非农业保险的具体做法主要有如下几个特点[①]：

一是依据本国国情选择相应的农业保险制度。南非根据本国保险产业比较发达的国情，选择了以商业保险为主的农业保险制度。农场主可以通过保险经纪公司和农业合作社来获得选择各类保险所需的必要信息。保险经纪公司则需向其所属的经纪公司联合会预交一定比例的职业赔偿保险金，如果咨询服务出错，农场主可以向联合会申请损失赔偿。

二是通过完善法律法规促进农业保险的健康发展。南非农业保险的建立和发展都是依据相关法律法规进行的，因此，南非十分重视保险业法律法规的完善。2001 年 7 月 1 日生效的《南非保险客户保护规则》，对保险经纪人和保险公司的义务都作了十分具体的规定。例如，规定在咨询之初公司就应向客户提供详细的公司资料、代理的产品内容以及资费标准等。2002 年底通过的新《南非金融咨询和中介服务法案》进一步规定了此类服务机构申请执照的最低

---

[①] 南非农业保险的基本做法和启示［EB/OL］. http://www.circ.gov.cn/web/site0/tab211/i31396.htm.

从业资格，如果违反规则会被吊销执照。除此之外，还有一些常设的独立监督机构，接受并处理保险持有人的投诉。另外，2013 年 2 月，南非劳工部宣布了新的农业工人工资确定标准。从 2013 年 3 月 1 日到 2014 年 2 月 28 日，新的最低工资标准为每天工作 9 个小时的雇员每天 105 兰特。劳工部警告，将对不遵守新的部门规定的雇主采取行动。

三是通过再保险制度分散农业风险。南非的再保险机构完全按照商业保险的运作方式，接受各类短期保险公司的分保业务。在遇到大灾时，政府还酌情对私有保险公司实行免税或减税政策，并且由国家提供止损再保险。

## 第八节　农村社会公共服务与保障体系

南非没有专门针对农民的社会保障体系，但政府扶贫政策向农村地区倾斜。

### 一、社会保障制度

南非《宪法》（1996 年）第二章规定了基本人权，共 33 条。其中包括：人人有权得到适当的住所；国家必须采取合理的立法或其他方式，在现有资源范围内，使这一权利逐步得以实现。人人有权得到卫生医疗服务、充足的食物和水，以及社会保障，包括在不能养活自己和家属的情况下得到社会救助。每个儿童都有权利得到家庭照顾、父母照顾，或者在失去家庭抚养的情况下，得到恰当的其他方式的照顾。儿童同样有权利得到基本的营养、住所、基础医疗服务，以及社会服务。每个人都有接受基础教育的权利；政府必须采取适当措施，保障逐步实现这一权利。《宪法》还规定，保障公民的平等就业和财产权利。

1994 年以来，南非政府制定了一系列新的法律。其中劳动和社会保障方面的法律包括：劳动关系法、社会救助法、社会养老补助法、工伤和职业病赔偿法、失业保险法，以及医疗卫生、低收入者住房补贴等方面的政策和社会发展战略。2003 年，南非政府通过《失业保险法修正案》，解决了失业保险基金的管理和发放，完善了失业人员数据库。南非税务局继续管理工人交纳了雇员税的企业应纳的失业保险金；其他企业的失业保险金由失业保险委员会征收。2004 年，南非通过了《南非社会保障机构法》和《社会援助法》。

据《南非社会保障机构法》的规定，2006 年建立了南非社会保障局，它是全国唯一负责社会救助金管理和发放的政府代理机构。根据《社会援助法》的规定，社会保障局负责管理社会救助和支付社会补助金，制定执行细则，建立社会救助金检查员机构。

1994 年以后，社会发展部门，特别是社会救助拨款一直占很高比例。随着经济的发展和政府财政收入的增加，社会救助是政府支出中增长最快的项目。2005 年南非财政部实施的减税和提高社会救助的内容有：①为个人和家庭减税 68 亿兰特（当时 1 美元约为 6 兰特），主要针对年收入在 20 万兰特以下的家庭；②免除年收入在 315 万兰特和年收入在 6 万兰特的 65 岁以上人口的税收；③改变医疗制度中某些疗程的纳税规定，以减少低收入家庭的负担；④为小企业减税 14 亿兰特，以释放更多的增长资金；⑤采取措施，减少小企业的纳税程序成本；⑥公司税由 30% 降到 29%；⑦为老年人、残疾人和依赖护理的人提高月补助金 40 兰特，每月达 780 兰特；子女抚养补贴提高 10 兰特，每月达 180 兰特；⑧拨款 20 亿兰特用于新的综合住房战略，拨款 30 亿兰特用于与社区相关的基础设施；⑨17 亿兰特用于供水、卫生设施等社区基础设施投资。

为解决贫困问题，南非政府财政预算中，社会服务部门支出始终高于总预算的 50%。社会救助拨款在国内生产总值和政府财政预算的比例也有上升。2004 年，南非社会救助金占国内生产总值的比例约为 4.5%。到 2007/2008 年度，社会救助金占国内生产总值的比例为 7.39%，约占政府财政预算的 15%。2017 年，南非政府财政支出的 14% 流向包括养老金、妇女儿童救济金等在内的社会保障事业，10% 流向经济事务，其中仅有 1% 流向农业。从保障广度上看，截至 2018 年，社会保障覆盖了 1 700 多万贫困人口，占南非总人口的 30%，占南非家庭的 50%；从保障深度上看，社会补助金成为继工资收入之后的最重要的家庭收入来源，甚至承担了一些贫困地区家庭的兜底保障，大多数家庭高度依赖公共转移支付。图 5-1 显示了 2018 年南非各省农村社会补助情况，在如东开普省、林波波省和夸祖鲁-纳塔尔省等农业大省，社会补助几乎实现了对农村家庭食物支出的全覆盖。在南非政府主导的社会保障扶贫机制下，南非贫困发生率总体呈现下降趋势，多维贫困水平大幅降低。截至 2018 年 20 岁以上人口文盲率下降到 45%，家庭电力普及率增长到 84.7%，家庭饮水安全普及率增长到 89.0%，多维贫困发生率从 2001 年的 18% 下降到 2016 年的 7%。但是，这种输血式扶贫也面临不可持续的问题。一方面，近年来由于失业和通货膨胀等原因，申请社会补助金的人口和家庭在持续上升，政府财政相当紧张；另一方面，补助金未能支持贫困家庭培养主动脱贫能力，不具有长期可持续减贫效应[①]。

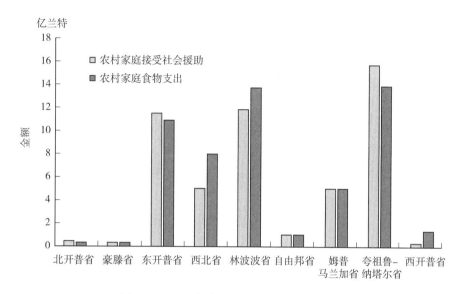

图 5-1 2018 年南非各省农村社会补助情况

南非实行全民覆盖与有选择补助的社会救助计划。所有接受社会补助金的人员，须是南非公民或获得永久居留权的人，并在南非定居。此外，各项补助金对领取条件还有专门规定。

（1）社会养老金。年龄须在 60 岁以上，男性领取社会养老金的年龄曾规定为 65 岁和 63 岁，自 2010 年 4 月始，男女同为 60 岁；配偶需要接受家计调查（即家庭收支为主要调查内容的综合性专门调查）；未在国家的供养和护理机构接受服务；未接受其他项社会补助金。

（2）残疾人补助金。申请人可以是获得难民身份的外国人；年龄要求，女性 18～59 岁，男性 18～62 岁；须提交确认残疾程度的医疗和评估报告；截至申请之日计算，医疗评估报告不得超过 3 个月；配偶须符合家计调查的相关要求；不可在国家的供养和护理机构接受服务；未接受其他项社会补助金。

（3）退伍军人津贴。年龄须在 60 岁以上或伤残人；须曾参加第二次世界大战；配偶须符合家计调查的相关要求；不可在国家的供养和护理机构接受服

① 何蕾，辛岭，胡志全. 减贫：南非农业的使命——来自中国的经验借鉴 [J]. 世界农业，2019（12）：62-70.

务；未接受其他项社会补助金。

（4）依赖护理者补助金。须是 18 岁以下儿童；须提交确认永久性或严重残疾的医疗和评估报告；申请人及配偶须符合家计调查的相关要求（不含收养父母）；依赖护理的孩子不在国家机构接受长期护理。

（5）收养儿童补助金。申请人和孩子须是南非居民；法院对收养关系的裁决；收养儿童的父母须是南非公民、常住居民或难民；孩子须持续得到养父母的看护。

（6）子女抚养补助金。给予孩子基础养护的人须是南非公民或永久居民；申请人须是相关孩子的基础养护人；孩子须在 15 岁以下；申请人及配偶须符合家计调查的相关要求；不能申请收养 6 个以上非亲生孩子；孩子不可以在国家机构接受护理。

（7）资助金。申请人须是社会养老金领取人；残疾人补助金或退伍老战士津贴领取人，需要另一个人专职看护；由于身体或精神残疾；不可在得到国家护理和住房补贴的机构接受护理。

## 二、改善社会服务

### 1. 饮水和卫生设施

南非政府在解决贫困人口居住区的清洁饮用水和卫生设施方面有大量投入，其成效得到联合国的承认。南非得到清洁饮用水供应的家庭在 1995 年占全国所有家庭的 60%，2003 年增至 85.5%。2004 年 11 月，南非共有 1 000 万人受益于清洁饮水供应计划。2006 年，南非已提前实现联合国"千年发展目标"中为居民提供基本饮用水的目标，已经至少有 3 570 万人（占南非总人口的 78%）可以得到免费的基本饮用水。2009 年，全国有 89.3% 的家庭得到自来水供应。有卫生设施的家庭 1995 年占 49%，2003 年上升到 63%。1994—2003 年，政府为 640 万人提供了新的卫生设施。截至 2016 年，南非城市居民 98.5%、非城市居民 75.4% 拥有安全的饮用水，全国 90.2% 的人口拥有安全清洁的饮用水；公共卫生方面，南非全国人口的 81.5% 可以享受到政府提供的公共卫生服务，其中，城市居民占 92.3%，非城市居民占 62.1%①。

---

① 可持续发展目标——指标基线报告 南非［EB/OL］. 南非政府网站.

**2. 供电**

南非政府在提高居民供电水平方面成绩显著。1992 年，连接到供电网络的家庭占 32%，2001 年增至 70%。利用电力取暖的家庭在 2001 年占 49.1%。2001 年农村家庭通电户占 52%，城市通电户占 80%。2009 年，全国家庭通电户达 82.6%。根据南非政府网站公布的可持续发展目标（SDG）显示，截至 2016 年，全国家庭通电户已占到总人口的 94.2%[①]。

**3. 医疗保健**

为了改变南非不平等的卫生保健制度，南非卫生部对卫生服务体系进行了改造。南非政府 1994 年确立了让民众普遍享有基本医疗的政策，这是南非社会医疗保障的基石，对南非的人口发展产生了巨大影响。2009—2010 年度，医疗卫生预算占政府预算的 10%。对孕妇、哺乳母亲和 6 岁以下儿童的免费医疗政策始于 1994 年。1996 年，免费医疗范围扩大到公共医疗系统的基础卫生保健服务。由基础医疗工作者提供的服务有：免疫、传染病防治、母婴护理、婴幼儿疾病综合管理、保健宣传、青年健康咨询、慢性病及老年病护理、康复、事故急诊、计划生育和口腔健康服务。截至 2016 年，南非产妇死亡率由 2010 年的 251/10 万下降到 2015 年的 133/10 万；婴儿死亡率由 2010 年的 33.4‰，下降为 2015 年的 22.3‰[②]。随着医疗设施和服务范围的扩大，以及基本医疗免费政策的实施，到 2009 年使用公共医疗诊所的人数占 59%，使用私人诊所的人数占 25.3%。南非一岁儿童免疫接种覆盖率 1998 年为 63%，2002 年增至 72%，2003 年增至 89%。1999 年，南非已消灭小儿麻痹症（脊髓灰质炎）和由于麻疹导致的死亡。小学生营养计划的覆盖率已达 95%。截至 2016 年，南非 5 岁以下儿童死亡率，由 2010 年的 44.7‰下降为 2015 年的 30.2‰[③]。南非政府对艾滋病防治的投入 1994 年为 3 000 万兰特，2001/2002 年度增至 3.42 亿兰特，2005/2006 年度增至 36 亿兰特。2007 年 5 月，南非成立了全国艾滋病防治委员会，制定了 2007—2012 年的五年防治计划，目标是在五年内使新感染病例降低 50%，为 80% 的感染者及其家庭提供治疗和援助服务。在防治肺病方面，南非政府也有很大的财政投入，并取得公认的成绩。

---

① 南非政府网站 http：//www.statssa.gov.za/?page_id=739&id=5&paged=4.
②③ 可持续发展目标——指标基线报告 南非［EB/OL］. 南非政府网站.

### 4. 住房补贴

南非政府 1994 年公布的《南非住房的新政策和战略》即是有关住房问题。其主要内容为政府补贴的新建低价住房以及贫困人口廉租房。南非住房部制定了一个可承受的租房计划，使低收入人口可以住在以前政府部门提供的住处，或者住在公共企业以前给流动劳工提供的单身宿舍，建设新的高层住宅租给低收入家庭居住。《租赁住房法》在 2001 年 8 月生效，该法规定了政府对租房市场的责任，以及房主和房客的权利与责任，并规定建立各省的租房法庭，以对租房纠纷提供快速和节约成本的解决办法[①]。

### 5. 帮助农村青年就业

在农业发展领域，南非设立了专门的青年创业就业项目——国家农村青年服务公司（NARYSEC）。国家农村青年服务公司是以农业为视角并招募农村青年（包括残疾人）的组织。南非目前有 2 920 个从事招募的分支机构，每个分支机构能够招募 6 人至 10 余人，每年解决数以万计的青年人就业，招募过程严格遵守性别平等原则，男女比例为 1∶1。国家农村青年服务公司的项目特点是以青年创业为优先着眼点，以创业带动就业。该机构以创业者的标准进行选拔，学员年龄在 18～35 岁，完成初中以上教育，在农村区域居住并且保证 4 年的项目参与时间。学员确定后，项目会对学员进行人格培育（如纪律观念、爱国主义及权利意识）、技能培训和实践教育，并给予一定软实力支持（如预算、项目管理、实业发展方面）。学员通过系列培训后要为社区服务一段时间，此期间可以获得每月 1 320 兰特薪酬，如有机会也可以选择更好职业。截至 2013—2014 财政年度，该项目受益青年总数达到 13 894 人。

2015 年初，国家农村青年服务公司开始筹备自己的培训学院，进一步支持和提升项目的专业性和创新水平。2018 年，南非农村发展和土地改革部通过农村发展各项行动计划共为 8 589 位农村青年提供了培训机会，其中，通过 NARYSEC 计划有 2 215 位青年得到了技能培训，包括草原灭火、灾害风险管理、污水处理、服装、建筑工程、IT 技术支持、农业营销服务等[②]。

### 6. 支持农村企业发展

农村企业发展对于发展中国家而言，在带动农村发展方面具有重大战略意

---

① 外交部，《南非农村发展有关情况》。
② 南非农村发展和土地改革部 2018 年年报（2018 年 4 月 1 日—2019 年 3 月 31 日）。

义。为振兴农业经济，南非农村发展和土地改革部一直致力于通过各类项目实现农村经济的转型发展，尤其重视消除贫困，提供就业，推动妇女、青年和残障人士的平等权，小微企业发展以及合作发展等。南非支持农村企业发展的模式包括：建立现代农业园、支持涉农服务行业、引导合作社升级为公司。2013年初，南非农村发展和土地改革部的社会、技术、农村生计和机构帮扶司（STRIF）更名为农村企业和产业发展司（REID）。这意味着，农村社区的发展帮扶目标由满足基本需求转向了建立农村企业，最终实现产业化发展战略目标。2013—2014 财政年度，南非农村发展和土地改革部支持了 433 个企业。对于这些企业的支持包括：帮助注册、构建规划商业发展、可行性报告分析、提供原材料设备及进行合作社培训等①。为加快具有经济发展潜力和发展机遇的农村地区的企业及产业发展，农村发展和土地改革部 2018 年在这方面转移支付了 126.96 亿兰特（南非农村发展和土地改革部 2018 年年报）。为支持农村企业的发展，南非政府实施了"一户一公顷"行动计划，使无地农户可以获得土地，进而催生小农经济，加快农村产业发展，并使农产品充分进入市场。2018 年前半年，政府针对此计划准备了 10 197.64 公顷土地，不过，年度目标是 81 000 公顷。另外，政府还推动实施了农业园行动计划，旨在打造农产品生产、加工、运输、销售、培训与拓展服务网络体系。农业园为农业提供农业基础设施、技术指导、创业服务、生产投入等方面的支持②。

①　赵倩. 南非农村发展政策及其启示 ［J］. 世界农业，2016（5）：86－91.
②　南非 2018 年农村发展年鉴。

# 第六章 CHAPTER 6
## 南非农业科技重点及创新推广体系 ▶▶▶

一个国家的农业若想取得可持续发展，制度与政策的推动，科技发展及其推广都是重要影响因素。南非科技创新的核心目标是：加速经济发展，在可持续性基础上创造财富，减少贫困，改善人民生活质量。为了实现该目标，南非还加强国际科技合作力度，期望通过实施与其他国家签订的科技合作协定和计划，来逐步提高南非科技在世界上的地位。

### 第一节  农业科技发展趋势与特点

1996 年，南非在《科学技术白皮书》中提出了建设国家创新体系的目标，确立了新南非的科学技术框架。2002 年 7 月，南非颁布的《国家研究和开发战略》成为南非国家创新体系建设的里程碑。

2019 年 3 月南非科技部宣布新版《科技创新白皮书》，这是自 1996 年首份《科技白皮书》发布后，南非政府制定的第二份有关科技发展的纲领性文件。新版白皮书确定以迎接第四次工业革命为核心重点，将科技创新置于南非发展议程的中心地位，以协调并推动实现国家发展规划目标，提出了"在变化的世界中以科技创新实现南非的可持续和包容性发展"的总体目标，确定了未来 5~15 年科技创新的高层次政策方向。重点包括 5 个方面：①通过弘扬创新文化、将科技创新纳入政府最高层次的跨领域规划中，提升南非科技创新的总体地位；②加强企业、政府、学术界和民间团体之间的伙伴关系，为科技创新创造更有利的环境；③聚焦于创新对造福社会和根本性经济转型的促进作用；④扩大和转变国家创新体系的人力资源基础；⑤增加科技创新的公共和私营投资。

截至目前，南非与世界一些国家签订了 30 项双边合作协定，共包括 400 个研究项目和开发计划，研究开发领域涉及信息技术、环境管理和制造技术等。南非还与欧盟签订了合作研究协议，使南非能够参与欧盟的研究与开发框架计划。

南非的农业科技发展战略，有以下几个方面的大目标，同时也是南非未来农业科技发展的新趋势和特点。

## 一、建立起保护自然资源和环境的农业系统

主要是通过加深认识农业、林业与土地、水、空气及生物资源间的良性关系，提高环境质量。在持续发展的同时，建立起保护自然资源和环境的农业系统。具体目标有：实现农业与环境平衡发展；风险管理，即通过科研开发、技术转让及应用，减少农民收入方面的风险；在农业生产和加工过程中，采用安全和持续发展的方式，主要是采取农业产出与环境相协调的方式，提供安全的产品；利用并保护生态的多样性，主要是促进本国的生物多样性发展；支持南非政府就生物多样性问题对国际社会所作的承诺。

## 二、提高南非人口的生活质量

通过提供科学技术及信息，提高南非的经济及社会竞争力。其具体的目标是：通过农业科研创造经济机会，以满足南非农业不断增长的、对信息技术的需求；粮食安全，为社会提供充足的食品，加强食品的检测、监督、预防及教育工作；安全食品，食品的安全性、环境及社会特点决定着农产品的被接受状况和生产方式，这对农产品贸易非常重要；营养食品，提供充足的、营养的、安全的食品，满足人们对营养的需求；小规模生产者生产力的增加，可以提高食品的供应量和营养成分，从而改进贫穷人口的食品安全性。

## 三、提高农业竞争力

通过科研及技术交流，增强农业的技术含量，提高农业生产、加工及市场的竞争力，建立起在全球经济中具有竞争力的农业体系。其具体的目标是：加

强竞争力，为农产品开拓市场，增强南非农产品在国内、国际市场的供应；加大农业对经济增长、食品安全及增加就业机会、减少收入差距方面的贡献。

## 四、建立有效的信息社会体系

确保农业研究委员会及时掌握世界农业科研信息，以建立有效的沟通体系，满足农业对信息的需求。其具体的目标主要是：技术转让及推广，建立高效的信息系统，确保科研成果在南非农业上的应用及推广。

## 五、开展农村综合发展计划

通过提供科研技术、科研信息及教育机会，增强贫困地区的经济实力及社会竞争力。增加南非新就业和黑人的经济发展机会。其具体的目标是：提高资源匮乏农民的能力，加强农业科研工作，提高生活质量为农村和黑人社区提供更多的经济机会，并满足资源匮乏地区人们对农业信息及技术转让的需求。

南非农业的发展通常被认为仅仅是技术上的进步，尤其是在 21 世纪，大规模的商业化农业集团根据自然资源和气候条件以及丰富的低成本劳动力，采用机械化的生产方式专业地进行种植业和畜牧业生产。这种观点的支持者认为，农业只能采取集中生产方式才能对经济做出贡献。因此，他们认为，以多样化生产、家庭劳动和较低技术为基础的中小型农业模式在生产和提高农业收入方面没有可取之处。

现代大规模技术密集型的农业模式在目前南非农业生产中占主导地位，尽管这种大型农业主导模式有着不可否认的优势，但在一个高失业率和粮食不安全的国家，具有严重的局限性。未来南非农业发展方向，将大幅提高对效率和公平的重视程度，农场规模和农业技术将更加多样化，使大规模商业化农业与中小型生产模式共存。

## 六、重新定位应用研究，以满足小规模、资源贫乏的农民的需求

由于历史原因，南非新政府继承下来的是一种极不平等的土地所有制结

构，到种族隔离制度结束时，白人地区有 6.7 万个农场，农场规模大都超过
1 000 公顷，而 71% 的农村人口居住在剩余的 14% 的土地上，黑人地区人均占
有可耕地低至 0.1 公顷。长期以来，南非农业科研关注的重点是为大型私营农
业集团提高生产效率，对小型农户的需求了解较少，科研投入较低。近年来，
随着土地改革的逐渐推进，在解决土地分配不公问题的同时，政府越来越多地
优先考虑小规模、资源贫乏的黑人农民的需求，逐渐调整应用研究的定位，重
点关注以下领域：

（1）土壤和水资源管理和保护。以黑人小农户为主的区域土壤和水资源情
况尚未得到有效的记录或测绘，这对南非农业的发展和规划形成了严重的制
约。黑人土地的土壤侵蚀率是白人大规模商业化农业用地的 5 倍，且污染严
重，急需进行土壤、水资源的保护。政府将在这些领域加强投入，以保障南非
农业的可持续发展。

（2）牲畜管理系统。虽然黑人小农户所拥有的土地只占南非农业用地总量
的 13%，但他们饲养的牲畜占南非牲畜总量的 30%。为了适应小农户的饲养
特点，需要开发新型牲畜管理系统，以提高畜禽生育率和出产率，避免在冬季
损失牲畜。牧场管理将成为重要的研究组成部分。

（3）适合小农场的混合农业系统。在小农户的农业生产活动中，农作物和
牲畜养殖通常是共存的，为了适应这一特点，需要研究小型农业生产中植物和
动物之间的相互作用，开发混合农业系统，以更好地实现经济回报以及环保和
风险之间的权衡，包括对畜禽废弃物的有效利用、有机肥施用和循环农业系统
的相关研究。

（4）针对小型主食作物、牲畜养殖、工业作物（如棉花、纤维作物）和水
果蔬菜生产的适应性研究。确定小农户在农业生产中面临的困难和制约因素，
进行适应性研究以克服这些问题。研究领域主要集中在植物育种、病虫害防
治、土地肥力保持性等方面。

（5）灌溉农业。与大型集约化农业相比，小农户所拥有的农业基础设施
十分匮乏，水利和灌溉系统效率低下。需要对小型农户在作物灌溉中面临的
困难进行调研，包括对使用权问题和制度问题进行探究。同时对灌溉系统
进行升级改造，研发更高效率、更节能的新系统，以提高小型农户的生
产力。

## 第二节　农业科研开发重点领域

南非政府确定了未来将要开展的农业技术开发重点领域，并强调了创新、技术推广和人力资源培养。具体的农业研发重点领域包含以下几个方面：

### 一、自然资源可持续利用管理技术

南非政府高度重视自然资源的可持续发展和保护，在国家层面上与自然资源保护有关的法律主要有《农业资源保护法案》《国家水法》和《国家环境管理法》，各省还制定了各自的湿地保护条例。政府投入大量科研资源和经费用于发展环境保护、污染治理和自然资源可持续发展相关的各种技术。此领域的技术包括：解决土壤退化、生物多样性丧失，防止外来生物入侵，保持水环境质量，提高灌溉水使用效率，获取并储存雨水，维持生物圈平衡等。

### 二、生物技术

南非政府高度重视生物科技领域，大力开展组织培养、重组 DNA 技术、转基因技术等生物技术研究，关注生物安全问题。南非将在生物燃料、生物制药和转基因作物等方面大量投入，并重点开展与疫苗开发和生物采矿等有关的 200 多个生物技术研究项目。

在生物技术方面，南非政府出台了《南非生物技术战略》和《南非生物燃料产业战略》，2014 年 1 月，南非科技部发布了生物经济战略[①]，这是继 2001 年发布生物技术战略和 2007 年发布的"十年创新规划"（该规划把生物技术列为 5 个重点发展领域之一）后，在生物领域的又一个重要战略。该战略不仅将为南非到 2030 年的 GDP 增加提供重要贡献，而且将为南非发展绿色经济、保障食品安全、提高国际竞争力和创造就业提供支撑。生物经济战略主要涉及农业、健康和工业与环境领域。在农业方面，将重点开展动物疫苗的研制；在健康方面，重点研发生物制药和生产活性制药组分；在生物工业领域，将出台

---

① DST. The South African Bio-economy Strategy [R]. Pretoria：DST，2014 - 01.

《战略工业生物技术计划》，加大对基础研究的支持，发展下一代技术，促进面向产业的研究等。南非将通过集成各方面的资源，打造一个世界级的生物技术创新系统。南非生物经济战略预计投入 20 亿兰特（约为 2 亿美元），政府在 3 年期间投入 3 亿～4 亿兰特，剩余的为其他投资者进行投入，同时，还将吸引国际投资。为方便投资者的投资退出，南非将建立生物创新风险投资基金，采取公私合营的伙伴关系来进行管理。

在生物燃料领域，南非提出的目标是，生物燃料在可再生能源使用中所占比重达到 75%，在全国液体燃料市场的占有率达到 4.5%。为推广生物燃料，南非规定国家燃油混合标准为生物乙醇占 10%，生物柴油占 5%，并采取相关减税措施来推动生物燃料产业的发展。

同时，南非还积极推广转基因技术在农业生产中的应用。南非自 1992 年首次种植转基因农作物以来，全国转基因农作物的种植面积近 300 万公顷。南非所种植的 90% 以上的棉花、80% 以上的玉米、80% 以上的大豆均为转基因作物。

## 三、地球观测技术

包括卫星成像技术、飞行成像技术、数据采集技术及光谱学、雷达、航空地球物理学在农业的应用等。2018 年 12 月 27 日，南非 ZACube－2 二代纳米卫星在俄罗斯发射升空，用于监控自然灾害、土地状况、环境污染以及火灾等紧急情况。

## 四、精密农业

该研发领域包括：遥感技术、相关软件开发、图像处理技术，以实现农业生产系统实时管理。

## 五、提高农业生产率的研究

尽管非洲大陆面积广阔，拥有多种不同地形和气候区，却仍在大量进口本可以在非洲本土生产的农产品和食品。过去三十年非洲农业产值的增长，主要是通过扩大种植面积以及减少休耕期等实现的，但这一方法，在人口急速增长的时代，已不再可取，必须采取措施应用新技术提高农业生产率，以提高粮食产量和农作物环境适应能力，特别是针对非洲小农户生产方式的技术。该领域包括：不同农作物、牲畜和牧场的生态生理学研究，极端气候条件下高产量农作物品种和动物品种的研究。

在过去的农业生产中，由于大型农业集团的垄断，小农户对于提高生产率的需求长期被忽视，且在尚未正规化的小农系统中，农民面临着来自价值链上下游资源投入（原料、器械、劳动力）、知识与技术、市场（信息、商业模式）、供应链和借贷、保险（适合小农的金融服务产品）等多方面的阻碍。而这些随着新技术的发展应用和数字技术成本的下降，发生了显著的变化，使小规模高效率农业生产成为了可能。

## 六、被确定为重点领域的研究

包括本土生长的可做食物的农作物、系统改进和增加农产品附加值、全球竞争力和宏观经济研究、地理信息系统、空间建模和场景设计等。另外，通信技术也被定为重点领域，但是尚未细化。

## 七、新一代信息技术

近年来，新一代信息技术对各个领域的发展均起到带动作用，南非也加大新技术在农业中的投入，扶持相关科技公司，如 Aerobotics 公司成立于 2014年，是一家创立于开普敦的人工智能公司，为农业工作者提供智能工具来管理农作物。通过利用无人机和卫星的航拍图像，并将它们与机器学习算法融合在一起。Aerobotics 公司为树木和作物种植者提供早期问题检测服务，以减轻病虫害对树木和藤本植物的损害，从而优化农作物的性能。

## 八、物联网

通过以物联网为代表的智能农业技术，农民可以更好地控制饲养牲畜和种植作物的过程，从而获得更高的效率，降低成本，并有助于节约水资源。在南非，农业物联网的采用数量不断增加，智能农业市场规模也在迅速扩大。在南非农业生产中，越来越多的农户开始在耕作工具上使用传感器，以确保在耕种之前了解耕地的状况，并决定种植何种作物，获得更科学高效的种植方案和用药、施肥配比并取得更大的收益。

在基础设施方面，如农业供水管道系统，物联网感应器与水、电以及其他关键政府公用设施相结合，感应器置于管道设施中，以保证管道运行状况全程处于监控当中，确保及时发现隐患。

## 九、农业无人机

以农业无人机为先导的智慧农业技术在南非的迅速推广，为南非的农业发展带来了新的生机。人工背负式喷雾器的作业方式效率低下，而且农民直接暴露于化学药品之下，对他们的身体健康造成损害。大型农用飞机虽然能够进行"地毯式"喷洒作业，在短时间内覆盖更广阔的区域，然而却难以适应以小地块和陡峭山坡为主的农作物区域，如甘蔗农场等。直升机公司通常只能提供每天不低于 50 公顷范围的喷洒服务方案，而小农户每周只需要对 2～3 公顷的甘蔗田进行施药，且能够负担的费用无法达到最低门槛。大型农业飞机不具备灵活性且容易造成过度喷洒，无法配合农民的小范围生产和收割计划，因此作业效果经常令人失望。

为精准农业而设计的智慧农业无人机技术突破了地块和复杂地形的限制，能够在多种地形安全平稳地飞行作业，无论是陡峭斜坡还是不规则地块都能轻松应对。基于厘米级定位的 RTK 导航技术和离心雾化喷洒系统，使智能无人机能将药剂精准均匀地喷洒到目标区域，避免药液漂移对周边甘蔗田造成影响。

智能无人机农业精准喷洒技术的引进与南非政府的行业改革方案相得益彰。为了扭转蔗糖产业的下降颓势，保护农村地区成千上万的农民生计，2020年 6 月，南非政府部门正式推出具有里程碑意义的糖业总体规划，以确保该行业可持续发展。在糖业总体规划中，以农业无人机为代表的智慧农业技术在糖业价值链的上游扮演了新的重要角色，通过提升生产效率，降低劳动力成本以及最大程度地减少化学品的使用，促进南非甘蔗产业的可持续供应，并提高小规模种植者的利润和种植积极性。

近年来，随着粮食安全、气候变化、能源短缺、环境恶化等问题的日益突出，南非农业科技关注的重点也在悄然地发生变化。

目前南非的农业研发最新进展主要体现在开展可持续管理、生物资源（微生物、动植物）生产和利用的知识进步方面，从而为农业、渔业、养殖、食物、健康、森林及其相关产业提供安全的、具有生态效益及能够提高竞争力的基础知识、产品与服务。具体研究领域包括：土地、森林、水环境中生物资源的可持续生产和管理，如可持续生产系统的研究、动植物的生产和卫生、动物福利、渔业和水产业，以及生物多样性的开发和可持续利用；食物链的完整性和管理，食品、健康和福利方面的研究；可持续的、非粮食产品和工艺的生命科学和生物技术发展，能够改善作物、森林资源、海产品、能源、环境、高附加值产品的生物技术。

南非目前的农业研发重点领域包括：基因组研究；新型食品开发，包括功能食品开发，食品原料开发，食品安全检测技术开发，科学防伪技术开发；环保生物技术研发，主要有低成本、高转换率的生物质燃料（生物乙醇等）生产技术，有机塑料等生物制品的低成本生产技术，以及利用微生物或植物净化被污染土壤的生物修复技术等；农业生物技术与其他尖端技术的交叉利用，包括交叉生物技术和纳米技术，开发生物传感器和超微生物反应器等，进行生物体或细胞模拟；交叉生物技术和信息技术，开发遗传信息数据储存系统、生物信息可视成像以及水稻基因组仿真等技术。2008 年，南非出台了新农业基因组计划（2008—2013 年），主要研究内容包括遗传基因的开发与鉴定、分子标记辅助育种等。

## 第三节　农业科技推广主体

南非有科研机构 300 多所，科研人员 2.5 万人，科研经费约占国内生产总值的 1%。定期出版的科技类报纸杂志有 700 多种，居非洲首位。南非十分重视农业科学技术的研究与开发，农业科技与推广对南非农业的发展起着重要作用。

1990 年，南非政府依据《农业研究委员会法案》，在 15 个政府特别研究所的基础上组建了农业研究委员会，1992 年，农业研究委员会正式从南非农业部分离出来，成为一个独立的国家科研机构，主要负责农业科研、技术推广和技术转让等工作。为满足小规模家庭农场农业技术方面的需求，农业研究委员会设立了农村生计可持续发展部，通过该部门加强农业科研与家庭农场之间的联系。为避免出现同一项目重复研究的现象，农业研究委员会加强了与农业部、各省农业部门之间的联系，明确各自的研究项目。为及时掌握南非农业发展状况，南非农业部制定了"经济研究和分析计划"，在每个季度里都为农业部门的决策制定者提供及时、准确的农业、经济和统计信息。南非的各所农业大学主要开展农业领域的基础性研究，教育部负责向农业大学和生物科学院划拨财政拨款。7 所大学（纳塔尔、自由邦省、比勒陀利亚、黑尔堡、北方大学、祖鲁兰大学和斯坦陵布什大学）也在进行农业研究。

目前，南非农业推广主要的服务对象是小规模家庭农场，服务的内容包括：介绍农业生产方法和农产品营销方法，组织农民集体购买农业生产资料等。进入 21 世纪以来，南非在农业科研和推广方面的财政开支呈现出持续增长的态势：2001 年，南非农业科研和推广的财政支出为 11.17 亿兰特，为当年南非农业财政支出的第二大项目，2007 年增长到 33.12 亿兰特，为当年南非农业开支的第一大项目（OECD，2010）。

农业研究委员会的宗旨是通过科研、技术创新及技术转移，促进农业及相关领域的发展，以进一步保护自然资源，保持农业经济的竞争力，为社会提供新的经济机会，提供高质、安全的食品，为全国的经济增长及发展做出贡献。农业研究委员会设有 4 个业务部门，即谷物及工业作物部、园艺部、畜牧部和全国服务部，负责下属 13 个研究所和分布在全国各地的 81 个试验站和研究站的工作，具体分布如下：

（1）谷物及工业作物部。负责谷物研究所、小粒谷物作物研究所和工业作物研究所等 3 个研究所。

（2）园艺部。负责热带及亚热带作物研究所、蔬菜及观赏植物研究所和水果、葡萄栽培及酒类研究所等 3 个研究所。

（3）畜牧部。负责动物营养与生产研究所、动物改良研究所、兽医研究所、草原和牧草研究所等 4 个研究所。

（4）全国服务部。负责农业工程研究所、土壤研究所和气候、水及植物保护研究所等 3 个研究所。

新的国家农业研发体系包括政府等公共部门、私营部门、学会组织等机构，分工明确，联系紧密（图 6-1）。

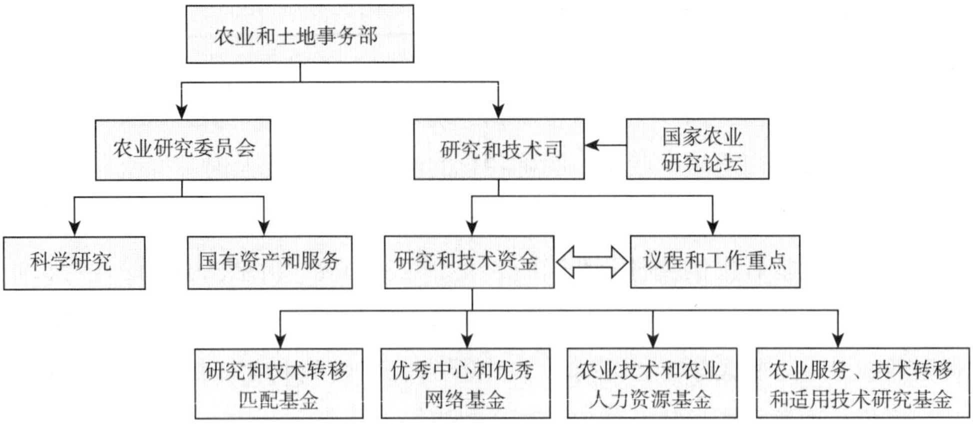

图 6-1　南非新的国家农业研发体系

资料来源：根据秦涛《南非农业领域研发政策最新动向研究》整理而成。

（1）农业和土地事务部。该部门对全国农业研发相关各种事项总体负责。

（2）农业部研究和技术司。该部门是整个农业研发体系的核心协调部门，负责确认和指定国家农业研究项目和优先领域，推定、支持和监管各级农业研发计划和项目，制定战略规划，发展国家农业研究框架，并创建国家农业研究和技术基金（下设 4 个基金），资助全国农业研发活动，通过国家农业研究和技术基金与省政府、产业界、各研究机构、培训机构紧密合作，积极互动，将整个农业研发体系结合成一个有机整体。

（3）国家农业研究论坛。该论坛是新的国家农业研发体系的秘书处，由农业部门各主要利益相关者的代表组成，负责管理农业研发优先领域设定的进程，协调研发活动和向农业的技术转移，并就农业研发、技术转让等向农业和土地事务部提供建议。

（4）其他相关公共部门及其职责。除以上部门，南非新的国家农业研发体系还包括省农业厅、南非科技部、农业研究理事会、各种高教机构、私营部门和各种学会、农民组织和专业协会等。

## 第四节　农业科技推广新技术

### 一、粮油作物（玉米、大豆）生产技术

20 世纪 70 年代末，南非培育出了世界上最好的玉米品种，该品种对水分

要求不高，甚至在沙漠里也能种植，很适合南非的干旱地区。小麦因选用了抗锈品种，产量增长很快且有盈余可供出口。南非高度发达的农业以第一代生物技术和高效植物育种能力为基础。南非生物技术研究和开发已有 30 多年的历史，在非洲处于领先地位。南非的转基因作物生产规模继续扩大，到 2018 年达到 220 万公顷，使南非成为世界上转基因作物生产国，南非农民已经采用生物技术并从中获益。

玉米是南非的主要农田作物，用于食品（主要是白玉米）和动物饲料（主要是黄玉米）。南非的第一个转基因玉米（抗虫）于 1997 年获得批准，从那以后，转基因玉米种植持续稳定地增长。从表 6-1 可知，转基因玉米种植面积占整个南非玉米种植总面积的百分比从 2005/2006 生产年度的 28.5％增长到 2014/2015 生产年度的 87％。2014/2015 生产年度，南非种植玉米 265.3 万公顷，其中种植转基因玉米种子 229.5 万公顷，白玉米种植面积达到 144.8 万公顷，其中 84％（即 121.6 万公顷）为转基因玉米，而 120.5 万公顷黄玉米中 90％（即 108.5 万公顷）为转基因玉米。

表 6-1 南非转基因玉米的种植情况

单位：万公顷、％

| 生产年度 | 种植面积 | 白玉米 | 黄玉米 | 合计 |
|---|---|---|---|---|
| 2005/2006 | 总种植面积 | 103.3 | 56.7 | 160 |
| | 转基因面积 | 28.1 | 17.5 | 45.6 |
| | 占总量比例 | 27.20 | 30.90 | 28.50 |
| 2006/2007 | 总种植面积 | 162.5 | 92.7 | 255.2 |
| | 转基因面积 | 85.1 | 52.8 | 137.9 |
| | 占总量比例 | 52.30 | 56.90 | 49.30 |
| 2007/2008 | 总种植面积 | 173.7 | 106.2 | 279.9 |
| | 转基因面积 | 97.5 | 58.8 | 156.3 |
| | 占总量比例 | 56.10 | 55.30 | 55.80 |
| 2008/2009 | 总种植面积 | 148.9 | 93.9 | 242.8 |
| | 转基因面积 | 89.2 | 72.4 | 161.6 |
| | 占总量比例 | 59.90 | 77.10 | 66.30 |
| 2009/2010 | 总种植面积 | 172 | 102.3 | 274.3 |
| | 转基因面积 | 121.2 | 66.7 | 187.9 |
| | 占总量比例 | 70.40 | 65.20 | 68.50 |
| 2010/2011 | 总种植面积 | 141.8 | 95.4 | 237.2 |
| | 转基因面积 | 106 | 76.5 | 182.5 |
| | 占总量比例 | 74.80 | 80.20 | 76.90 |

（续）

| 生产年度 | 种植面积 | 白玉米 | 黄玉米 | 合计 |
|---|---|---|---|---|
| 2011/2012 | 总种植面积 | 163.3 | 106.3 | 269.6 |
| | 转基因面积 | 112.6 | 74.7 | 187.3 |
| | 占总量比例 | 69 | 70 | 69 |
| 2012/2013 | 总种植面积 | 161.7 | 116.4 | 278.1 |
| | 转基因面积 | 131.6 | 105.5 | 237.1 |
| | 占总量比例 | 81 | 91 | 85 |
| 2013/2014 | 总种植面积 | 158 | 113.9 | 271.9 |
| | 转基因面积 | 132.3 | 104.1 | 236.4 |
| | 占总量比例 | 84 | 91 | 87 |
| 2014/2015 | 总种植面积 | 144.8 | 120.5 | 265.3 |
| | 转基因面积 | 121 | 108.5 | 229.5 |
| | 占总量比例 | 84 | 90 | 87 |

资料来源：Dirk Esterhuizen，Ross Kreamer，南非农业生物技术年报，2012。

2001 年，南非首次批准转基因大豆商业化，到 2006 年，75％的大豆种植作物都是转基因品种。2010—2011 年种植季，大豆种植面积增长了 34％，从 2009—2010 年种植季的 311 450 公顷，增长到 418 000 公顷。2010—2011 年种植季 85％的大豆种植都是转基因（耐除草剂）品种。2009 年，大豆产量在南非的农业史上首次超过了葵花籽产量，成为最重要的油料作物。其中一个原因是南非现有的转基因大豆栽培品种的种植相对容易，还有一个原因是大豆生产工序现已大部分实现了机械化。2017 年大豆达到了 73.1 万公顷和 154 万吨的高产水平，虽然 2018 年有所下降，依然保持较高生产水平，单产达 1 600 千克/公顷。

## 二、主要经济作物（棉花）生产技术

Bt 棉花是非洲撒哈拉以南地区商业化种植的第一种转基因农作物。早期种植者是南非夸祖鲁-纳塔尔省平原的小规模农户，他们从 1998 年以来一直种植这种作物。棉花种植总面积从 2009 年的 8 300 公顷增长到 2010 年的 15 000 公顷。在南非种植的 90％以上的棉花都是转基因棉花，叠加品种是最受欢迎的，占棉花种植总面积的 95％。

## 三、畜牧业（牛、羊）生产技术

畜牧业方面，南非引进优良的美利奴羊和卡拉库尔羊，并且培育了多种肉用牛。陶鲁斯牲畜改良合作社，为全国奶牛业提供 58 万单位的冷冻精液，用于人工配种。该合作社有 400 头优质公牛，用于改良南非的牲畜。为免受干旱的威胁，保证饲料供应，南非开发了新型饲料，受到世界的普遍关注。兽医部门还研制了几十种疫苗，并向非洲许多国家出口，有效地预防和遏制了牲畜的多种疾病。

## 四、农业机械技术

南非主要的农机设备为拖拉机、联合收割机、打捆机。南非的农机设备市场规模大约价值 1.71 亿美元（2006 年），其中拖拉机占 60％的市场份额，其次是联合收割机和打捆机。南非 80％的农机设备依靠进口，主要进口几家国际著名农机生产商的产品。品牌有纽荷兰、迪尔、唯美德等，主要来自美国、英国、意大利、德国、以色列、加拿大和日本。其中，美国在高技术含量的设备上占有优势。纽荷兰、迪尔拖拉机在南非的市场占有率都在 20％以上。唯美德在南非建有两家分公司。

南非本土的主要农机生产商包括迪尔南非公司、南非 BELL 装备公司和 BP 农机具公司。以下对这三家公司进行分别介绍（焦高俊，2009）。

迪尔南非公司。前身是一家私人企业，叫作南非耕地机公司。迪尔在 1962 年收购该公司大部分股权后，用迪尔的一款名为 Bobaas 的耕地机产品为公司命名，后来又改名为迪尔南非公司。该公司在 2005 年 6 月前还保留有一定的播种机、耕地机和旋耕机的生产能力，从迪尔在世界各地的制造厂获得产品和零件。该公司负责迪尔农机、商业用装备及零件在南部非洲的销售。2006 年该公司投资 3 700 万兰特建立培训中心，并投入 700 万兰特在南非各地建立配件分布中心。从 2005 年开始与银行合作，每年花费几百万兰特作为用户的信用投资。

南非 BELL 装备公司。成立于 1954 年，公司最初从事机械修理，目前业务主要是机械制造，产品有装载机、起重机、运输车辆、叉车、挖掘机、平地机和农业机械。其农机产品主要为甘蔗收割装置、锄耕机、三轮车、运输型拖拉机。该公司于1995年在南非上市，2008年销售收入为54.58亿兰特，其海外市场是欧洲和北美。

BP农机具公司。创立于1968年的家族企业。公司制造各种优质的犁、旋耕机、耙、玉米收割机、播种机、拖车、脱粒机等产品，零件几乎全部自制，部分产品出口。

## 五、种子加工技术

南非还是非洲最早制定植物多样性保护法律并参与国际种子机构的少数国家之一。以蔬菜花卉为例，蔬菜及观赏植物研究所对南非特有的花种 Funbos 进行改良，根据国际市场对该花的市场需求进行研究，然后将其技术转让。

## 第五节　南非国家以及重大区域性研究计划

2002年8月，南非成立科技部，专门负责全国的科技工作。围绕创新南非还分别设立了国家创新咨询委员会（NACI）、国家研究基金（NRF）和创新基金。NACI的组成具有广泛的代表性，其成员来自政府部门、大学、产业界和非营利部门，主要职责是就国家创新系统的功能和作用等重大问题向科技部长提供咨询和政策研究；着眼于南非经济和社会的发展需要，为逐步实现关键性科学技术研究目标提供合理的机制和信息。

国家研究基金（NRF）隶属于科技部，主要负责促进和支持南非的基础研究、应用研究以及创新研究，塑造一个知识驱动型的社会。NRF资助知识、人力资源、产品和研究设施等方面的研究工作，经费直接用于学术研究、培养高级人才、支持国家的研究设施，以促进人文科学、社会科学、自然科学、工程技术以及本土知识等领域的研究工作。

创新基金是依据1996年颁布的《科学技术白皮书》设立的。该基金于2001年移交给NRF管理，目的是鼓励大型合作研究和技术开发，通过跨学科的研究活动解决南非经济和社会发展过程中面临的各种问题。创新基金直接用于资助大型联合研究体，其研究重点是能够将知识转化为新产品或改善现有产品质量、提高生产率和服务的新工艺。

南非的研究开发机构由政府机构和私营部门组成，主要包括四类：①大型国有企业，如 Denel 公司、Eskom 公司和 Telcom 公司等。②各类科学理事会，主要包括农业研究理事会、科学与工业研究理事会、人文科学研究理事会、医院研究理事会、地球科学研究理事会等。科学理事会是南非国家创新系统的重要组成部分，通过这些委员会，政府能按照国家利益和需求直接从事相关研究、开发工作。③大学和技术院校。④专门领域的研究机构，例如水资源研究委员会、国家植物研究所等。

## 一、技术支持计划

由南非农业部主管的科研计划，主要是为农场和农业企业提供信息和技术支持，大部分项目由大学、研究机构和农业企业承担，包括：畜牧业生产力计划（功能奶的开发、提高羊奶生产力、畜产品深加工等）；农作物生产力计划（包括谷物、水果的生产加工技术）；科学研究与开发计划（制定科研政策和计划，为各省农业管理机构提供科技咨询服务）；基因资源计划（修订国家转基因组织法案，制订转基因研究计划）等技术转让和推广计划。

## 二、技术转让和推广计划

由南非科技部主管，包括：①技术站计划（Tshumisan 计划），依托大学设立技术推广站，面向中小型农业企业服务，向企业转让技术，帮助解决技术问题，培训技术人员。南非全国现有 9 个技术推广站，服务的中小企业达到800 多个，已累计完成超过 5 000 个科研项目。②孵化器计划（Godisa 计划），帮助创建和发展中小型农业企业，为其提供技术、管理、设备和资金支持，帮助其开发国内外市场。目前南非已有 8 个孵化器中心，2004—2005 年成功培养了 33 个中小型农业企业。

## 三、人力资源开发计划

目前南非农业从业人员的教育水平差别很大，黑人和白人差距极大，77％的白人受过高等教育，而黑人中这一比例仅有 2％。人力资源开发计划由南非农业部主管，旨在提高南非农业从业人员的文化水平和科学素养，通过为农业从业人员提供奖学金的形式，帮助其接受高等教育。在该项计划的支持下，南非获得农业科学学位的人数从 1999 年的 791 人，上升到 2003 年的 1 894 人。在奖学金发放方面，超过 90% 的获得者为黑人，50% 以上是妇女，极大地缩小了南非不同种族、不同性别的农业从业者的文化差距。根据 2016 年南非国家统计局的调查，当年南非共毕业大学生 3 699 165 人，其中从事农业及其相关人员的毕业生数量为 88 040 人，占到当年毕业生总人数的 2.38%。[①]

## 四、农业研究理事会科研战略计划

由农业研究委员会主管，主要包括 5 个方面的内容：①自然资源的管理，旨在加深理解并建立构建农业、林业与水源、土壤、空气及生物资源间的平衡关系，提高环境质量，在保持农业持续发展的同时，建立起保护自然资源和环境的农业系统。②提高南非人口的生活质量，旨在提供科学技术及信息系统，提高经济以至于整个社会的竞争力。③建立农业体系，通过对科研和技术的不断投入，提高农业生产的技术性，提高农业产业链的竞争力，形成具有较强竞争力的农业体系。④建立信息平台，确保农业研究委员会能够第一时间掌握世界最新的农业科技信息，以建立有效的沟通体系，满足南非农业系统对信息的需求。⑤实施农村综合发展计划，通过提供技术、信息及教育机会，改善贫困地区的经济状况及提高社会竞争力，增加就业机会，提高农民的经济地位和生活质量。

## 五、减少贫困计划

由南非科技部主管，通过帮助贫困地区的农业企业和农民利用先进农业技术提高农业生产力，引入先进农业品种，提高加工能力，以增加贫困地区农民的收入。这个计划主要在国家认定的贫困地区实行，通过为低收入贫困人群提供资金、技术、培训来帮助其提高专业技能，如饲养家禽、养蜂、造纸、利用天然纤维织布等。此项目主要通过基层企业和合作社来实施，对增加贫困人口

---

① 可持续发展目标——国家报告 南非（2019）。

就业，特别是在提高妇女的就业率方面发挥了重要作用。

## 六、本土资源开发及保护计划

通过对南非本土的各种自然资源进行管理，开发南非独有的各种动植物资源，与传统工艺结合，生产医药等产品，来达到增加经济效益和保护自然环境的目的。此计划有助于帮助贫困地区人群提高收入，并对技术开发和推广有积极的作用。该计划由科研机构、基层社区机构共同实施。

## 第六节 经验与启示

### 一、加强农业科技投入，高新技术发展助推农业科技革命

随着对农业科技生产力作用认识的不断提高，南非的农业研发投资不断增长。南非私营部门的农业研发支出占了撒哈拉以南非洲地区的一半。1994年前，科技研究与开发投入（R&D）占GDP的1.04%。此后，R&D投入降为仅占GDP的0.69%。鉴于全国R&D投入的下滑，1996年南非政府发布的《科学技术白皮书》提出，R&D投入强度应占GDP的1%水平。近年来，南非政府加大投入强度，2001—2002财年，R&D投入强度占GDP的0.76%，2008年，政府和私营部门将R&D投入增加一倍，全国R&D投入提高到占GDP的1%。2013/2014财年南非科研投入总额是2001/2002财年74.88亿兰特的3倍多，2007/2008财年政府超过商业部门成为科研投入的主要力量，2011/2012财年政府研发投入占比为43.1%，商业部门研发投入占比39%。根据南非《科学技术与创新白皮书》（2019年3月），2016/2017财年R&D投入占总GDP的0.82%，政府科研投入74.82亿兰特，与上一年持平，约占全国R&D总投入的1/4，未来十年，政府将继续加大R&D的投入，计划将R&D投入提高到占GDP的1.5%。

21世纪以来，以生物、信息、新材料等高新技术为代表的世界科学技术飞速发展，并不断取得重大突破，为农业生产带来了新的技术革命。生物技术是农业科技革命的重要组成部分。以基因组学为核心的现代农业生物技术，已成为未来世界各国农业科技发展的重点之一。利用转基因、分子设计等现代生

物学技术可培育高产优质、多抗高效的作物新品种。生物育种既需要分子标记、转基因等现代生物育种技术的支持，又需要借鉴常规育种技术的成功经验，才能培育出性状优良的作物新品种。生物育种成为新的农业科技革命的重要组成部分。

南非实现了物联网在农业生产、资源利用、农产品流通领域、"物—人—物"之间的信息交互与精细农业的实践与推广，形成了一批良好的产业化应用模式。在农业生态环境监控方面，南非对农作物不同阶段的苗情、长势信息、环境信息进行获取，并将相关数据发送到农业综合决策网进行处理，以指导施肥、施药、收获等农业生产过程。

南非同样重视农业资源综合利用技术。当前，粮食增产已不再是农业科技发展的唯一目标。随着气候变化、能源短缺、环境污染等问题的日益严重，以提高农业资源利用效率为核心，以节地、节水、节肥、节药、节能为目的，以农业资源综合利用的循环经济为重点，有针对性地开发资源节约型和环境友好型技术，是南非农业科学技术的研发重点。

## 二、国际科技合作强化农业创新优势

国际科技合作是在国际范围内整合科技资源，实现强强联合、优势互补的重要方式。南非政府认为，要提高国家的创新能力，必须重点开发一些对促进经济和社会发展至关重要的技术领域，包括生物技术、信息技术、制造技术、充分利用自然资源并增加其附加值的技术。资金投入是开展农业国际科技合作的重要保障。南非农业部与多个国家签订了农业科技合作协定，为开展农业国际科技合作研究提供资金，并在联合研发、人员交流等方面给予经费支持。

在开展农业国际科技合作时，南非政府往往根据合作国家、合作内容等采取多元化的合作方式。将双边或多边政府科技合作框架下确定的合作内容凝练成具体合作项目，在双边政府共同资助下开展合作研究。在已有的开放性的科技计划中设立专门的农业国际科技合作内容，也是开展农业国际科技合作的重要方式。此外，政府还支持农业领域交流科研人员、开展农业科技培训、实施农业领域联合调查研究。农业研究委员会促进农业发展的基本研究计划将动植物基因改良、病虫害防治、水土生态化学、农业工程等作为与发展中国家开展农业科技合作的优先领域。

同时，南非为发展中国家贸易伙伴在农业领域的政策制定、技术创新、能力建设等方面提供援助，并强调通过技术援助与培训来了解区域的动植物资源情况，以及农作物病虫害风险等。

## 三、植物新品种保护

植物新品种保护是促进农业技术创新的有利措施之一，在这方面南非出台了积极的鼓励政策，并取得了明显的成效。具体表现为：第一，对植物新品种进行有效的保护，激发育种者的育种欲望，增加优良品种的总体数量。农作物育种是农业科技创新活动中最活跃的因素。通过申请，育种者被授予在一定时期内对其育成品种享有排他的独占权，育种者能够利用这种权利获得投资回报，进而刺激其创新行为，促进新品种的数量不断增加，推动农业科技的创新。第二，植物新品种保护有效地推动了育种行业的市场化，促进种苗的推广。育种者培育出的新品种必然会受到使用者的挑选，从而体现出了优胜劣汰的机制。育种者只有培育出优秀的新品种才能经受住市场的考验，不断推陈出新。第三，建立植物新品种保护制度，给国际间的交流和合作提供法律框架。与国际上优秀的育种者合作，必须建立在植物新品种保护制度的基础之上，通过增加与国际育种者之间交流的机会，从国外引进优良的植物品种，形成了优良品种双向选择的机制。

## 四、重视高级人才培养

科技人员数量不足和结构不合理，是制约南非科技进步和经济发展的瓶颈。在南非，每千个劳动力中科技人员的数量平均不到一名，绝大多数研究人员是年龄在 50 岁以上的白人。在工程技术、自然科学研究领域，女性和黑人（包括阿非利卡、印度裔和有色人种）研究人员更少。《国家研究和开发战略》指出，人力资源开发十分关键，政府应从两方面入手，尽最大努力培养经济发展所需要的各类科技人才。其一是从整体上提高年轻人和女性的数学与自然科学水平。目前，南非科技部和教育部正在联合采取一些措施，如每年开展年度科学周、在每个省建立一个科学中心、增加在校学生对自然科学的兴趣等，提高高年级在校学生的数学和自然科学水平。其二是建立"杰出人才研究中心"，培养高级人才。从 2003 年起，南非先后在一些大学建立了 6 个"杰出人才研究中心"，培养高水平的科学家队伍。

## 五、现代循环农业创新

南非在现代农业循环经济研究方面取得了很大进展。比如约翰内斯堡市政府专门在郊区划出两块 42 公顷的土地，通过相关试验建立了农业循环经济示范中心，以推广循环经济发展模式。该项目是中国与南非联合研究计划的第六批项目，茨瓦尼理工大学从中国佛山大学引进相关技术，科学家以种玉米和养牛为试验，种植玉米收获鲜玉米和鲜秸秆，后者加工成饲料喂牛；牛可以供应鲜牛肉，其产生的粪便经厌氧菌作用可以制造生物沼气，最后剩余的残渣作为有机肥料又回到农田。经过 4 年的试验证明，这种循环经济发展模式在南非是完全可行的。由于这种模式投入小、产出高，不仅实现了养殖废弃物的循环利用，还发展了低碳经济，而且应用起来很灵活，特别适合非洲小农户。

## 六、完善以农户需求为导向的农户与科研机构衔接体系

为满足小规模家庭农场对农业技术的需求，农业研究委员会组建了沟通农户与农业科研机构的"农村生计可持续发展部"，这是南非农业科技推广的一个显著特点。这一机构起到了连接农户与科研机构的桥梁作用。农村生计可持续发展部通过及时收集、整理家庭农场对农业技术的需求，并向农业科研机构发布，引导南非农业科研机构有针对性地开展研究，对提高农业科技成果转化起到了积极的促进作用。

## 七、加强农业科技研究，用国家政策保障对农业的持续投入

南非降水量有限，水资源匮乏严重制约了农业的发展。南非的农业发展总体水平较高，主要是技术含量高，实现规模化、集约化、产业化经营。因此加强科学技术研究，提高科学技术对农业的贡献率，是农业可持续发展的保证。农业研究委员会（ARC）是南非国家级的农业研究实体，由农业部和工艺科

学部共同领导，ARC 和各省农业研究机构和大学的农学院形成了较为完善的全国农业研究体系。研究机构的装备先进，基础研究和高新技术条件可与欧美发达国家相媲美。1998 年，ARC 的研究经费为 4.3 亿兰特，其中 78％来自国会拨款，12％左右来自技术转让和产品销售等，后者的份额在逐步扩大。

南非重视农业投入，尤其是对重点优势项目的投入比较集中。在提高产量的同时，十分注重对优质、特色产业的投入，促进优特产品的规模化、集约化生产和产业化经营。政府颁布扶植农业的法令，增加对农业的投入，重视水利建设，提高农产品的收购价格，降低农产品的运输价格，制定保护农业的关税政策等。

## 八、注重生态农业的发展，注重生态、环境、资源与人口增长、经济的协调发展

2018 年南非平均每平方千米人口为 47 人，全国有耕地 1 200 万公顷，占国土面积的 10％，人均耕地面积 0.21 公顷，其余为牧场和草地。南非农业资源比较匮乏，这也使得南非十分注重对资源的保护和利用，同时注重对农田的灌溉和生态的保护，基本上实现了生态、环境、资源、人口和经济的协调发展。

## 九、重视农牧业立法

南非十分重视农牧业立法，其法制体系比较健全，各项事业和工作都有法可依并能依法办事。表现在：一是农牧业生产发展保护性的立法，确保农牧业生产在国民经济建设中的地位和发展；二是对农牧业生产环境和生产标准的立法，确保农牧业生产环境的质量和产品的质量，为农产品进入国际市场奠定法律基础；三是农牧业投入的立法，确保农牧业发展得到应有的支持；四是对农牧业保障体系建设的立法，确保农牧业发展得到相关行业和部门的支持；五是对生物技术的立法，采取了以科学为基础、以开展前瞻性转基因技术的生物委员会和顾问委员会为依托的积极的生物安全政策，对生物技术进行立法保护。

# 第七章 CHAPTER 7
# 南非农民专业合作组织 ▶▶▶

南非的农民协会组织比较健全，运行机制也基本稳定。南非中央一级设总会，对应国家农业部门，与政府非隶属而是对话关系，主要职责是反映农业生产中遇到的问题和农民需求，寻求政府支持和帮助。本章主要介绍南非的农业协会以及农民专业合作社。

## 第一节　农业协会

### 一、农民联合协会

南非非洲农民协会（AFASA）旨在使农业部门实现商业化发展，以确保黑人个体能够实质性地参与到主流商业化的农业部门中去，从而确保南非农业的长期可持续性发展。

愿景：为南非培养有胜任能力、成功的商业化农民。

使命：促进非洲农民的发展，以增加他们在农业部门的实质性参与程度。

战略目标：创造一个有能力且可持续的非洲农民联合体，通过游说和宣传来影响政策的制定以支持非洲农民。促进非洲农民素质的提高以便他们能够实质性地参与到正式与非正式市场活动中，调动各种资源，造福非洲农民。

价值观：像其他组织一样，南非非洲农民协会是一个为了共同目标而走到一起的群体。AFASA支持它所代表的、具有相似价值观的人群。AFASA致力于追求以下价值观：

（1）由高度正直的人担任领导，并在成员、员工和公众中建立信任、忠诚和信心。

（2）时刻保持透明性和责任感。

（3）始终保持较高的专业性。

（4）尊重成员、员工和公众的权利、文化和尊严，不论性别、种族、阶级、部落、政治和宗教隶属或信仰。

（5）发展成以农民为中心的组织。

（6）确保组织始终忠于它的使命和目标。

（7）追求卓越，提供各种高效服务。

## 二、各行业的农业协会

### （一）南非农业贸易协会（Agri South Africa，AgriSA）

它是南非的一个农业贸易协会，是一个联盟机构，代表成员通过参与国内、国际活动，促进商业化的农业生产者和农业企业实现持续盈利和稳定发展。它代表了 7 000 多家小型和大型商业农场，该协会业务主要集中于以下领域，如表 7 - 1 所示。

表 7 - 1　Agri South Africa 的集中领域

| 集中领域 | 涵盖内容 |
| --- | --- |
| 贸易与工业 | 促进农业福利 |
| 经济事务 | 风险与灾害管理，燃料优惠等 |
| 法律与秩序 | 农业的法律保障 |
| 水事务 | 所有水务相关问题 |
| 国家基础设施 | 联络地方政府有关政策及业务事项 |
| 劳工与培训 | 所有劳动相关问题 |
| 土地事务 | 土地作为农业生产要素的重要性 |
| 环境事务 | 环境事务相关活动 |
| 信息技术开发与转让 | 技术管理 |
| 农民发展 | 集中关注黑人经济权利 |
| 企业联络 | 创造利益相关各方的伙伴关系与相互了解 |
| 当地政府 | 联络当地政府 |

### （二）国家非洲农民联盟（NAFU）

20 世纪 80 年代初，作为国家非洲联邦商会（NAFCOC）下属的一个农业委员会，国家非洲农民联盟（NAFU）1991 年在自由邦省的萨贝恩州正式启动。由于现有土地获取、金融资源、发展机会、支持服务与黑人农民掌握的关键农业技能不一致，国家非洲农民联盟主要致力于如下领域：

（1）同负责农业农村发展和土地改革的国家和省级部门建立积极的人际关系。

（2）与行业的各种利益相关者建立联系，帮助农民开展农业经营。

（3）寻求商会提供需要的财务资源。

（4）组建农业机构以解决小农需求。

（5）推进建立省级农业机构，赋予农民土地使用权。

（6）根据农民的需求，促进省级和地区可行性项目的发展。

（7）推动农业发展，增强黑人发展农业经济赋权计划（AgriBEE）确定的良好实践示范作用。

（8）组建农业商会，使其成为推动实施南非黑人经济振兴法（BBEEE）的农业机构。

## 第二节　农业合作社组织

### 一、农业合作社概述

合作社运动在南非有很长的发展历史，早期发展缓慢，近年来发展迅猛。合作社作为南非一个行之有效的经济驱动器，可以追溯到 20 世纪早期，始于旨在发展和建立白人农业社区的白人农业合作社。这些合作社最终发展成为强大的商业企业，控制了农村地区的农产品生产、营销和加工。

很多农业合作社都涉及三个主要的商业领域：①农业投入品和设备的购买与销售；②农业商品的购买、贮藏和后续销售；③运输服务（Piesse 等，2003）。然而，合作社也被土地银行认定为以贴息利率向商业农场提供中短期贷款的机构，政府也经常通过债务重组的形式，利用合作社向农民提供灾害援助。因此，农业合作社变成了金融中介组织。

然而，由于补贴、价格支持、税收减免和价格扭曲往往导致资源配置不当，通过这些方式支持商业农场则会产生巨额成本，因此难以持续。20 世纪 80 年代，南非开始了一系列改革，包括取消补贴和税收优惠，放松对农业融资和营销的管制，降低了农业合作社的作用和对政府支持的依赖。这些重大政策变革对南非合作社产生了实质性的影响。合作社不再拥有被指定为各种营销管理局代理的特权，也就失去了区域垄断权力，不再参与政府补助的分配。尽管它们仍然向农场主提供中短期贷款，但必须作为土地银行在商业基础上行使这一职能，而且在这一业务领域需要与商业银行进行竞争。对合作社的管理，由先前的农业部转到了后来的贸易工业部（DTI），就农业合作社而言，农业部门已经失去了相当的管理能力。资料显示，到 2018 年 12 月，南非共有注册合作社 624 461 家，其中 47％是农业合作社①。

## 二、农业合作社的内涵及类型②

### （一）农业合作社的概念

合作社是人们自愿联合、通过共同所有和民主控制，并按照合作社原则进行组织和经营的企业，以满足成员经济、社会和文化方面的共同需求和渴望的自治组织。农业合作社是一种生产加工或营销农产品并向其成员提供农业投入和服务的合作社。

### （二）农业合作社的等级

**1. 初级农业合作社**

初级农业合作社由个体成员组成，目标是向成员提供就业或服务，促进社区发展。一个初级合作社至少由五个自然人组成，每个成员都作为合作社的一分子而受益。合作社成员通过集中资源向其他人提供服务，他们可以为合作社成员的利益而筹集资金。初级合作社主要存在于地方层面。

**2. 二级农业合作社**

两个或两个以上初级合作社包括法人，可以组建一个二级合作社。二级合作社的成员均为初级农业合作社，它的目标是向成员提供相关的服务。二级合作社主要在地区层面。

**3. 三级农业合作社**

两个或两个以上二级合作社包括法人，可以组建三级合作社。三级农业合

---

① 引自《南非全国农业合作社会议报告》，2019 年。
② 引自《南非农业合作社成立指南》，2010 年。

作社的主要任务是与政府机构、私人部门和其他利益相关者沟通，以保证合作社成员的利益。三级合作社主要存在于省级层面。

## （三）农业合作社的类型

农业合作社可以根据功能分为如下类型：

（1）生产合作社，允许农民将农场组织为合作社企业。

（2）供应合作社，为其社员购买商品以及农业生产所需的物资提供服务。

（3）服务合作社，为农民广泛提供各种便利服务，如园艺咨询等。

（4）农产品营销合作社，通常根据农场生产的商品如糖类、谷物、玉米和家禽等，组织农产品营销。营销合作社可以参与合同签订与价格谈判，并在国内外市场上销售合作社成员的产品。

（5）购买合作社，购买生产物资和商品并以较低的价格向社员出售，以降低社员的生产成本。农民通过这种合作社来获取物美价廉的种子、化肥等农用物资。

# 三、各类合作社组织

## （一）OVK 合作组织

OVK 合作组织拥有约 12 000 名成员，其管理的区域广泛，产品类型高度多样化，有玉米、小麦、向日葵、干豆、芦苇、樱桃和天然牧草种植，还有肉羊农场、奶牛和肉牛养殖场等。OVK 主要在自由邦省、东开普省和北开普省提供服务，在全国也设有 52 个贸易分支机构。

OVK 主要管理并提供以下服务和商品：

（1）客户融资服务。

（2）保险服务、作物保险和短期保险。

（3）所有用于播种和畜牧业的农业用品。

（4）生产优质小麦粉产品。

（5）农业技术推广。

（6）牲畜每周和每月拍卖。

## （二）GWK 农业服务组织

GWK 农业服务组织提供先进的农业技术，如定点图像分析、生物化学和物理研究以及植物叶片分析仪器，对作物品种进行深入研究以提高作物单产，增加农民收入。

GWK 农业服务组织同时在农业管理领域提供产品管理信息，包括支持可持续农业的财务建议等服务。在南非，GWK 强大的专业知识和农业科学家网络使其在合作社组织中独树一帜。

## 四、农民合作组织的作用

农业部门面临的一大挑战就是增加可以运行并可持续发展的农业经济企业的数量与类别，这些经济企业的一个重要表现形式就是农业合作社，它是创造就业和人们改善社会经济条件的理想机构。合作社在为贫困妇女、青年及其他边缘化的社区成员确定发展目标方面提供帮助，合作社使他们实现了经济独立并能为国家经济发展做出贡献。由于单个农民无法持续可靠地控制他们所销售的农产品以及农业生产资料的价格，为了提高市场经济中的地位，农民常常成立合作社，通过合作社，可以简化农业生产资料的购买过程。

农业合作社可以具有一种或多种功能，包括为农民提供贷款、提供农业生产相关的信息、销售农业生产必要的投入品、代表其成员进行谈判、分配运输和交付成本、安排交货时间和日程、设置送货地、为其成员销售农产品并进行价格保护等。

农业合作社的重要性还在于创造就业、调动资源、带动投资及对经济做出贡献，多种形式的农业合作社促使所有人充分参与到经济与社会发展之中。①提高议价能力。在与其他组织进行交易的时候，农业合作社能够联合社员力量，提高讨价还价的地位和能力。②降低采购价格。大量采购降低了所需物资的采购价格，节约的费用返还给个体成员以降低他们的净成本。③获取市场准入或拓宽市场机会。合作社通过对产品进行加工或提供大量质量有保证的产品以吸引更多的买家来提高产品价值。④提高产品或服务质量。合作社通过增加产品价值与竞争力，改善设施、设备与服务，使社员满意。⑤提供其他企业不愿提供的产品或服务。农业合作社通常提供一些对其他私营企业没有吸引力的产品或服务。⑥降低成本增加收入。降低合作社的运营成本，增加的收益用来分发给成员以提高他们的收入。

## 五、农业合作社发展的战略目标和原则

### （一）农业合作社发展的战略目标

2004—2014年间，合作社发展战略追求以下目标：

（1）确保在南非所有经济部门中成立各种类型的合作社。

（2）确保对合作社结构和项目的有效支持贯穿于所有政府机构和私人部门。

（3）确保合作社在经济增长、创造就业、社会文化发展及增加收入方面做出有意义的贡献。

（4）确保有强大、可行、自力更生、自主与自我维持的合作社企业。

（5）确保创造一种环境，在该环境下合作社成为广泛授权的有效载体，如：员工持股计划（ESOPS）、TRUSTS以及工作合作社。

（6）创造有利的法律环境以促进合作社的振兴与发展。

（7）确保新兴的黑人合作社企业在国内、国际市场上具有竞争力。

### （二）农业合作社发展战略设计的基本原则

在设计合作社发展战略时，需要遵循的原则包括：在推动合作社企业发展过程中与政府、非政府组织、半国有及私营部门保持伙伴关系。这些原则有助于指导私营部门、半国有、非政府机构及其他利益相关者。

**1. 在政府主要角色间找到平衡**

政府支持公认的合作社原则，合作社原则是公认的指导方针，通过该原则，合作社将其价值观付诸实践。同时，政府也认识到支持和控制之间的微妙差别。经验表明，在任何国家，广泛的政府干预可能破坏合作社运动，但是政府支持却可以促成强劲的合作社运动。南非政府承诺提供一个有利的环境，通过政策制定、修改现行立法和战略发展，同时确保各领域政府、政府机构和私营部门广泛参与，促进合作社的苗壮成长。

**2. 使合作社发展与广泛的宏观经济及政府发展框架密切结合**

该原则将合作社的发展定位在更加广泛的政府发展框架内。政府承认，合作社的发展有助于实现国民经济和社会发展的目标。合作社的发展应该与私营部门发展、黑人经济授权战略以及一系列其他关键项目相结合，它将支持区域

和地方的开发计划，并支持减贫措施。合作社的振兴和综合农村发展计划和城市更新战略相一致，合作社的升级也与各级政府部门的计划相结合。

**3. 以市场导向和战略重点干预来应对合作社内部各种需求、能力及机会**

这一原则为合作社发展提供有差别的支持，合作社内部需要、能力和商业机会相差悬殊，合作社发展战略的设计要适应这一差别。过去，有的合作社企业受到国家政府的巨额补助（主要集中于农业部门的白人农场主），而有的相对较少也缺乏基础。尽管这一政策同时适用于已有的合作社及新兴的合作社，但支持的重点将集中于新兴合作社。

**4. 将国家级合作社的发展干预与省级和地方合作社发展干预相结合**

将国家级、省级和地方合作社的发展支持进行整合，是合作社发展战略的一个基本原则，这符合政府服务分权及地方和省级政府在发展规划中所扮演的重要角色。合作社立足于当地社区，同时受到当地、省级和国家各级政府政策、法律和法规的影响，因此，对各级政府政策进行整合至关重要。合作社最突出的特征是使人们在自己的社区稳定发展，鼓励他们在社区内部调动资源。

**5. 整合支持服务**

合作社发展需要一个整合的方案，因此，政府部门先要审查合作社的整体需求，方能提供支持以应对紧急需求。在初审时就能识别合作社的多样性需求，提交一个动态的、需求驱动且有创造性的合作社发展方案是非常重要的。

**6. 合作社作为社会发展的一个载体**

政府承认合作社在创造就业、可持续就业、改善成员生活质量及合作社周围社区方面所发挥的作用，政府的作用主要是提供财政上的支持并确保其可持续性。

**7. 合作社作为南非所有公民经济赋权的一种机制**

合作社是确保南非所有公民都能获得真正广泛的经济赋权而不仅仅是少数精英的一个有效典范，主要通过合作社所有成员对合作社所产生的归属感来实现。南非政府已经意识到国家存在着二元经济：一种经济组织良好，而且能够获得所需的资源，另一种经济不仅缺乏能力，也缺少资源。促进合作社的发展是解决第二种经济问题的有效途径。

**8. 合作社与正规经济**

这一原则承认非正规社团及一些合作社社团的存在，适应合作社社团的注册登记等，目的是将非正式社团融入到主流经济中来。在各省开展注册运动，宣传社团和个体组建合作社的好处。

### 9. 合作社间的合作与协作

合作社之间进行合作是合作社的原则之一，这种合作可以通过组建二级合作社来实现，二级合作社可以在特定的部门和地区共享营销、研发、技能获取甚至生产等服务来促进合作社之间的合作、协调和网络化。通过这种合作，合作社可以同大公司一样，享受到规模经济的利益。

### 10. 合作社部门的战略公共支出

这一原则鼓励所有政府部门和公共机构在能够满足其采购需求的前提下，将合作社企业作为采购目标，合作社企业也有机会获取政府的公共工程扩展项目。

### 11. 对合作社提供服务的机构要根据合作社需求拓展相应业务

已经向小企业提供支持的机构也应扩展其业务，向合作社提供支持，响应他们的需求。合作社的部分需求与小企业类似，对于合作社的特殊需求，合作社运动的最高机构在其中应该发挥一定的作用，同时合作社顾问委员会应该发挥相应的咨询作用。

## 第三节 农民合作组织面临的问题及其与政府的关系

### 一、农业合作组织面临的问题

#### （一）政策改革降低了农业合作社的作用和生存能力

农业合作社作为农业必需品的供给者、农业产品的营销者以及诸如谷物贮存和运输等服务的提供者，在南非农业发展中起着非常重要的作用。这些合作社担任营销管理局（为各种农业商品）和土地银行的代理，提供补贴贷款给商业农场主。由于政治原因，欠发达地区的小规模农场无法加入这类合作社并获取相应服务。尽管之前的欠发达地区也建立了合作社，但是由于管理不善、缺乏培训、成员间冲突、缺乏资金等，许多都没有生存下来。20世纪80年代，支持商业农场的高昂成本难以为继，同时发生了一系列诸如取消对商业农场的补贴和税收减免，放松对农业融资和营销的管制等经济改革，这些政策改革降低了农业合作社的作用和生存能力。

#### （二）南非的小农合作社不具有强大的谈判能力

南非的小农合作社（典型的中小型企业）由于只有相对较少的资产，较弱的金融与基础设施的承载能力，较弱的产出能力，以及缺乏市场信息和缺乏正规融资机制所需的抵押品，阻止了小农进入市场的机会。无抵押贷款意味着农民将自己生产的产品预先抵押给营销中间人，这些中间人压低采购价格，但以市场价格出售产品，从中获得高额利润。尽管合作社在经济活动中发挥着重要作用，小农户却难以建立可行与可持续的、并对国家经济有重要贡献的合作社。小农户建立合作社的类型也受到诸多挑战，大多数小农合作社都处在初级生产阶段，他们当中很少有进入市场、价值增加与农产品加工的机会①。

### （三）南非小农户面临约束，对合作社的发展有强烈的需求

相对于商业农场而言，南非的小农户面临着各种挑战，阻碍了他们的成长以及有效地确保食品安全的能力，他们面临的一些约束与无法获得土地、物资与制度基础设施不健全有关。大多数小农户居住在农村地区，基础设施的缺乏限制了他们的发展，例如缺乏良好的道路交通，限制了农民运输农业投入品、获取生产信息的能力。基础设施落后导致了农产品投入与产出市场的缺失，缺乏资产、信息与服务阻碍了小农参与到潜在的有利可图的市场中去②（表7-2）。

表7-2　小农合作社面临的共同约束和挑战

| 关键约束 | 具体挑战 | 适合的类型 |
| --- | --- | --- |
| 投入品供应 | 高昂的投入成本，高昂的交易成本、运输成本，缺乏贮存设施 | 投入品供应合作社 |
| 市场准入 | 数量少、质量差，缺乏市场信息，缺乏运输和贮藏设施 | 营销合作社 |
| 融资的可获取性 | 缺乏信用记录，无法制定符合银行要求的商业计划 | 金融服务合作社、合作银行 |
| 价值增加与农产品加工的机会 | 缺乏技术技能，缺乏合适的基础设施，产品量少且品质差 | 农产品加工和价值增加合作社 |

资料来源：《南非全国农业合作社会议报告》，2019年。

**1. 高昂的交易成本是限制小农户发展的主要因素之一**

这主要归因于落后的基础设施。例如：落后的公路交通网以及不可靠的营销渠道，迫使农民自己种植食品及较少的易腐商品，导致了较低的生产率。增加运输成本同时也影响了农业投入品的使用和农民的营销战略。大多数情况

---

① ②　引自《南非全国农业合作社会议报告》，2019年。

下，高昂的交易成本往往由偏远农村地区落后的基础设施和通信服务导致。

**2. 缺乏可靠的市场也是小农户面临的主要约束之一**

许多小农户以低价在当地市场销售产品，但是如果能通过销售技巧对产品开展多样化设计或者市场研究开发新产品，就可以获取更高的价格。

**3. 人力资本的缺乏是小农户面对的一个严重约束**

这些小农户的文化程度很低，缺乏生产技能、生产知识，不具备财务能力和营销技巧，其生产的农产品无法满足市场和食品加工所设定的品质标准。

**4. 由于小农产品产量少、质量差，制约其进入高端市场**

由于土地、水等生产要素及资本投入不足，大多数小农户生产的产品数量少、品质差，导致他们的产品得不到市场的重视。如今，消费者对食品越来越挑剔，而且对食品安全与食品价值链越来越重视，因此，产量少、质量差的小农产品很难进入高端市场。

**5. 生产的不一致以及缺乏议价能力是小农户面临的又一大挑战**

一方面，大多数小农户在生产产品并将它们提供给市场和农产品加工行业方面无法保持品质一致；另一方面，由于缺乏市场信息渠道和融资渠道，小农的讨价还价能力很差，妨碍了他们在最有利的时机以最佳价格销售产品。

综上所述，小农农业只有获取支持服务才能得到增长，不断增长的农业生产需要同时处理好面临的所有问题，发展合作社是一个最有效的解决手段。通过合作社，可以促进小农农业的增长，确保长期的食品安全、获取工作机会并增加收入。具体而言，受到资本约束的小农合作社，需要建立投入品供应合作社；受到市场约束的小农合作社，需要建立营销合作社；受到融资限制的合作社，需要建立金融服务合作社或合作银行；受到技术技能约束的小农合作社，需要建立农产品加工和价值增加合作社。

（四）南非黑人农民融入主流经济困难重重

黑人农业合作社作为种族隔离经济的一部分，在 20 世纪 70 年代和 80 年代获得当时政府的批准，但无法享受政府提供给白人农业合作社的那种支持，依然脆弱、不发达，大多数最终失败。1981 年《合作社法案》进一步推动了农业合作社的注册，尤其是黑人所拥有的合作社[①]。

---

① 引自《合作社发展与促进综合战略》（2012—2022 年）。

白人合作社在南非经济中扮演着重要的角色。1993 年，约有 250 家这类合作社，总资产为 12.7 亿兰特，总产值 22.5 亿兰特，这主要得益于当时政府的干预。然而，黑人农民却没有得到相同形式的支持，致使他们不能有意义地参与到主流经济中[①]。这一现状要求南非在整体上发展薄弱的新兴黑人合作社，同时鼓励他们利用合作社模式来发挥自身优势。

### （五）农业合作社在欠发达地区表现欠佳

南非商业农场合作社在改善成员的经济福利方面基本上都取得了成功，相比较，在落后农村地区的小农户合作社在促进农业发展和改善成员福利方面逊色很多。Vander Walt（2005）在林波波省的研究表明，管理不善、缺乏训练、成员间的冲突（主要由于较差的服务交付），以及缺少资金是小农合作社失败的重要原因。Machethe（1990）总结出小农合作社失败的主要原因为：①成员缺乏对合作社的认同；②成员缺乏对合作社所起作用的理解；③涉及成员政策的决策导致的合作社失败；④与其他企业竞争引起的合作社失败；⑤合作社成员无力解散不称职的管理层；⑥合作社在向其成员提供运输服务的失败；⑦合作社无力保持足够的农业投入品存货；⑧合作社无法提供足够的信用；⑨农业的自给本质。

## 二、南非农业合作社面临的挑战[②]

尽管在政府及各类参与者的努力推动下，南非农业合作社的发展已经取得了显著的进步，但仍然有一些重要问题需面对，这些挑战可以分为政府、合作社、市场面临的挑战。

### （一）政府面临的挑战

**1. 有关合作社的经济和社会影响统计不充分**

合作社总体概况及其社会影响的统计资料不能定期更新，导致了市场不透明，同时也不能很好地了解合作社商业模式。从合作社登记局获取的有限资

---

① 引自《南非全国农业合作社会议报告》，2019 年。
② 根据《合作社发展与促进综合战略》（2012—2022 年）整理，尽管该合作社指全国所有合作社类型，但是也能全面概括农业合作社发展面临的挑战。

料，难以生成可靠的有关南非合作社情况的统计资料。另外，管理部门缺乏对合作社全面和定期的监测且对合作社支持过程的评估明显不足。

**2. 公共部门在服务南非合作社发展方面人力资源不足，行政效率低下**

在南非整个经济领域仅有不到 300 个职员负责合作社的发展与支持，这与其他国家的情况大为不同。如肯尼亚，该国农业合作社有一独立的部门、专门的部长负责、超过 4 000 位职员，分散在不同地区来促进合作社的发展。同样的情形也发生在孟加拉国，那里设置了专门的部门来支持合作社的发展，职员超过 4 000 人。值得注意的是，南非合作社原先有三级体系的联合组织，但由于构建方式是自上而下的政府主导性，这些联合组织更多地关注上面的需求，而不是来自下面的需求，因此出现了很多问题，最终导致合作社体系不能正常运转。南非贸易工业部合作社局是主管合作社的最高机构，南非合作社多数实行双重管理，除受合作社局的领导外，还接受行业部门的技术指导。

**3. 现有企业发展机构对合作社的支持有限**

尽管政府企业发展机构已向合作社提供了一些支持，但这些支持显得微不足道。这些机构的核心使命不是发展合作社，因而很难以合作社为目标创造巨大的生产力，大多数情况下很少甚至没有预算分配给合作社。大多数这类政府机构没有专业知识来了解合作社面临的复杂挑战并作出相应的回应。企业发展机构对合作社发展的支持是分散的，合作社很难了解和获取支持。

**4. 公共和私营部门对合作社认知较低**

公共和私营部门对合作社作为一种独特的企业形式及其多样性的认知依然比较低，公共部门（即国家、省级和当地政府部门和国有企业）、私营部门（即商业人士）与社会大众没有了解合作社模式及其内在价值。大多数政策的制定没有针对不同的细分市场、行业和合作社类型，也不考虑合作社企业模式的独特性质。

**5. 合作社注册成本过高、程序烦琐**

合作社需要在国家层面进行注册，没有省级和地方层面的分支机构，农业部负责合作社注册和实施的机构也转移到企业与知识产权委员会（CIPC），这其中面临的一个问题是注册系统不兼容，合作社的注册仍采用手工进行，而其他类型的经济体可以进行电子注册，这就使得注册统计结果可信度不高，难以进行分析。合作社注册系统由 22 个员工操作，他们负责注册、注销、数据获取和实施。南非拥有超过 22 000 个注册合作社，每日还有更多的合作社进行注册，注册局的能力实在是太有限了，因此这些功能需要通过一种整合和易实现的方法解决。由于人们认为合作社注册烦琐，包括繁重的文书工作、纳税义务等，因而有的合作社通过非正式自助团体避免正规化，依然保持非正式形式。

**6. 有限的融资渠道**

新兴合作社很难吸引到融资并保留足够的资本。与其他形式的企业相比，合作社资金来源有限；政府机构、发展金融机构（DFIs）和私营部门金融机构常常不理解合作社的结构，导致他们对合作社的支持有限；留存收益困难；增加的资本需求难以满足；现有的激励和支持结构不能解决合作社在其整个生命周期的融资需要。

**7. 技术和关键业务基础设施获取渠道有限**

大多数合作社难以获取适当的技术改善企业效率及产出水平，导致产品质量低下，无法进入市场。同时，在合作社活跃的地区（即市级）缺乏关键业务或发展的基础设施，导致合作社无法有效运营。

**（二）合作社面临的管理挑战**

**1. 糟糕的管理和技术技能**

许多合作社由失业人员创建，他们通常技术水平较低，缺乏经济领域的商业经验。诸如农业、住房和生产合作社要求有专门的技术知识，但是这些专业知识在合作社中很难获得。个体成员缺乏管理和技术技能，既降低了他们获得成功的机会，也带来了合作社的紧张关系。根据贸工部的调查，62％的合作社在过去的两年中没有接受培训，合作社所需要的培训如表 7-3 所示。

表 7-3　合作社需要的培训干预

| 需要的培训干预 | 合作社数量（个） | 占合作社比例（％） |
| --- | --- | --- |
| 专业培训 | 154 | 28.21 |
| 商业技巧 | 170 | 31.14 |
| 财务管理 | 114 | 20.88 |
| 信息、沟通和技术/计算机技能 | 34 | 6.23 |
| 营销 | 74 | 13.55 |
| 总计 | 546 | 100 |

**2. 有限的信任和社会凝聚力**

由于合作社集体利益和民主管理的特性，合作社依赖成员间的高度信任，但是，南非合作社缺乏共享的愿景、方法、金融信托和强大的社会关系。

### 3. 合作社内部民主决策技巧拙劣

民主决策过程需要技巧。民主往往伴随着决策权范围的明确性或共识缺乏，这成为合作社内富有争议的一个话题。董事会可能缺乏公司治理能力，所以，当董事会越权而不通告合作社成员时，信任就会受到侵蚀，这也显示出合作社内部在民主决策技巧方面存在不足。

### 4. 合作社间的有限合作

根据南非贸工部调查，超过60％的合作社不与其他合作社进行合作，致使他们由于错过相互学习的机会而被孤立并表现不佳。

### 5. 对集体利益的重视超过个人利益

合作社以集体利益高于个人利益为前提，搭便车、机会主义、贪婪、腐败和利己主义是许多有前景的合作社破产的关键原因。

### 6. 未将自立视为合作社的原则

合作社的受益者尚未承认合作社的建立应基于自力更生的原则。尽管有补贴的需要，尤其在合作社成立初期，但从合作社开始建立就应该设立自力更生的目标。

### 7. 新的合作社不能遵循合作社立法

如前所述，向合作社注册局提交财务报告的合作社数量不足1％，这构成了一个巨大的挑战，因为向注册局提交财务报告是合作社法规所要求的一种重要行为。大多数合作社（58％）都未接受过合作社原则的培训，这也进一步加剧了合作社遵循立法方面的挑战。

### （三）市场挑战

### 1. 不发达的网络和经济价值链

像任何企业一样，有着广泛支持网络的合作社（包括技术的、管理的、法律的、行政的和金融的）会更加成功。合作社运动的不发达性质，合作社之间有限的合作行动，合作社与非合作社企业间作为贸易伙伴获取融资支持的互动不足，是合作社成功的障碍。贸工部调查表明，大多数合作社（56％）都是孤立运作的，不与其他合作社进行合作。

### 2. 有限的市场准入

合作社提供产品和服务的有限市场准入（由于商业同行缺乏对合作社的理解而不与其缔结交易），导致了许多合作社的失败。

## 三、政府与农民合作组织的关系

南非合作社得到快速发展得益于政府的重视和支持。由于南非特殊的国情，政府希望合作社在解决贫富分化方面发挥作用，认为合作社可以在南非经济社会发展，特别是在促进就业、提高收入、消除贫困、广泛地促进黑人经济权利中扮演重要角色。研究显示，食品与农业合作社面临着很高的失败率（89％），这也表明合作社的发展需要强有力的基于产业的干预措施。

### （一）政府出台了相关扶持政策

政府出台了相关扶持政策，包括制定合作社发展规划、建立合作社发展基金、开展一系列同合作社业务相关的项目、设立发展合作社激励措施。南非政府在1981年出台了合作社法，用于指导、规范合作社发展。2005年又重新制定颁布了合作社法，废除了被认为是保障白人权益的1981年合作社法。南非合作社类型众多，涉及农业、消费、营销、金融、住房、交通等多个领域，其中农业合作社占多数，这些合作社受到了黑人低收入者的普遍欢迎。南非政府出台了《南非合作社发展战略（2004—2010年）》，规定贸易工业部（DTI）作为国家层次的政府部门全面负责合作社的发展与管理，其他经济活动参与部门将通过他们的项目与贸工部携手共同发展合作社。省级和地方政府是合作社发展与管理在地方层次的关键实施者。合作社注册局位于DTI企业与知识产权委员会办公室，合作社的注册和注销职能应该分散化，促进注册程序的快捷、简化、可支付性以及高效。2010年出台了《南非农业合作社成立指南》，旨在帮助农民加入合作社以使他们能够从政府部门的各种项目中获得援助。贸易工业部还出台了《合作社发展与促进综合战略》（2012—2022年），其中也涉及农业合作社的发展战略。

### （二）政府根据战略需要，设置合作社管理机构

如前所述，对合作社发展的管理，开始由农业部负责，农业部负责合作社的注册、立法实施、金融和非金融援助。该部门在国家层面上有近20个职员、14个省级职员和50个地方推广官员，这些推广官员还向农业合作社提供技术援助。

2001年，南非政府决定将合作社的管理权从农业部转移到贸易工业部，

以促进和支持合作社的发展。此后的 2004 年，贸工部内部成立了合作社发展机构，主要负责政策制定、创建适用的法规、制定和实施战略、为合作社开发金融和非金融服务、建立并扶持合作社咨询局/委员会、执行专门项目等。2005 年，南非政府出台第 14 号《合作社法案》要求国家、省级和地方政府部门，包括运输代理，向合作社提供支持。

总的来看，截至 2017 年在国家层面有 50 多个官员负责合作社的管理，在省级层次，所有的经济发展部门都启动了有关合作社的一些工作，包括政策、战略和支持项目，取得了不同程度的成功。总体上，省级层面有超过 60 个官员致力于为合作社提供支持，其中 50％ 来自夸祖鲁-纳塔尔省。在其他核心地区的基层政府层面，也有不到 100 个官员从事合作社发展工作，其中超过50％ 是推广官员。此外，国家和省级层面的代理机构也参与支持合作社，总员工不超过 100 人。

### （三）建立孵化系统

政府联合大学、非政府组织和商务专家，共同针对农村和农业合作社，提升对合作社孵化系统的支持，主要目的在于提高农业合作社的可持续性。在此激励计划的支持下，2012 年到 2018 年 3 月底，有 588 家合作社从合作社激励计划中获益 1.53 亿兰特，其中农业部门获得了最多的激励，有 256 个部门，占 51％[①]。

## 第四节　经验与启示

### 一、建立深厚的生产集群基础

要建立健全有着深厚基础的农业生产集群，以促进农村经济结构转型，使特色产业日益向区域化、规模化、产业化经营方向发展。南非农业合作社存在趋同和恶性竞争现象，发展特色农业合作社，让农民专业合作社围绕着各省、地区的地方特色农业及其生产集群产生和发展。同时，通过延长产业链条、从事农产品加工增值活动实现增收。合作社成员专注于某一类农产品生产，提高

---

① 根据《南非全国农业合作社会议报告》内容整理。

大规模经营生产专业化能力，实现农业生产的规模经济。进行专业化经营，每个合作社各自经营独具特色的产品，通过专业的深加工和再处理，实现加工环节的规模经济，以更加差异化的产品来实现农产品增值，为合作社成员增加收益，发挥生产集群的优势。

## 二、培育优良的多元组织主体

组织成员的结构及其素质、能力、资源等在很大程度上影响着农民专业合作社的创建水平、发展水平以及发展路径。南非农民受限于科技水平、受教育程度和经济基础，组织成员素质和组织主体引导能力较差，因此，农业合作社和合作组织的教育培训问题，对于合作社和合作组织的成功至关重要。政府应当在合作社培训中发挥重要的引领作用，编制并分发各类培训资料给合作社，并与其他教育机构合作，也可以通过直接提供合作社培训项目的方式为农民服务。培育组织成员和组织主体的重点是增强人们对于合作社原则的理解和在实践中的应用。此外，还应特别注重提升合作社领导人的商业决策能力，提升合作社财务、运营能力和市场营销地位，最终提高农民收入。

## 三、政府部门恰当的作用

政府支持是农民合作组织发展不可或缺的外部条件，包括南非政府在内的各国政府无一例外地对本国农民合作组织采取了支持的态度。第一，合作社立法，通过立法确立农民合作组织的合法地位，为其日常活动提供法律层面的保障和支持。第二，财政支持，各国政府每年都为农村合作组织发展提供资金，用于支持现有合作社运营维护和新合作社的培育与发展。第三，税收减免，通过税收减免的保障措施提高农民加入合作社或合作组织的积极性，为合作社和合作组织的长远发展提供助力和保障。第四，提供优惠贷款。第五，技术援助和帮扶，应合作组织要求为合作组织提供各种技术服务，范围广泛。具体包括制定发展战略，合并或联营的分析，农产品加工增值业务的可行性分析，运营状况或财务状况分析，改进合作社内部结构，加强社员培训教育等。第六，通过监督管理规范合作组织的制度和行为，从而促进其健康发展。

## 四、适当扩大合作组织规模

适度扩大合作组织规模，有利于大量采购和销售，节省购销费用；有利于购置所需的生产、加工、储藏设备和运输车辆，提高设备利用率，兴办原来无力承办和办不好的项目；有利于突破家庭经营的局限性，在自愿、民主的基础上对合作组织成员的生产要素进行优化配置，从而提高生产经营效率，降低单位产品成本。合作组织扩大规模有吸收农户和与其他合作组织合并或联营两种方式，要在不过度吸收成员、盲目扩大规模的前提下，在有能力的范围内进行合并和联营，扩大合作组织规模。

# 第八章 CHAPTER 8

# 南非农民教育与培训 ▶▶▶

南非农业的发展，离不开一大批懂技术、会经营、有文化的新型农民，只有加强农民教育和培训，才能建设现代化的农业发展体系。本章主要介绍南非农民教育与培训现状、教育与培训中存在的问题及其发展趋势。

## 第一节　农业教育与培训现状

南非全国有46％的人口居住在农村地区，多数处于贫困状态。1994年，南非新政府从前白人政权手中继承了几乎是世界上按种族划分的最不公正的土地分配：白人占据了86％的农业用地，而占人口绝大多数的黑人只获得其余的14％，且其中有相当部分是劣质土地。土地分配不公加上其他多种因素，直接导致了南非广大农村地区居民的贫困。如何尽快提高农民收入，改善他们的生活水平，成为南非新政府亟待解决的问题。在南非增加农民收入、减少贫困人口的举措中，对农民的技能培训是重要的途径之一。

经验表明，如果没有及时向农民提供技术支持，任何土地改革的成果都会被大大降低。南非政府通过各种渠道向刚刚分配到土地的小农提供农业种植和农场管理技术培训。2004年，南非农业部门发起了新的一轮"综合农业支持计划"，力图向中小型农户提供多种技术性服务（李锋，2006）。南非农业的发展离不开接受过良好教育的人才和强大的农业基础。

### 一、农业教育和培训策略

南非农业部（DOA）启动了一项计划——发展农业教育和培训（AET）

的全面国家战略，由国家级别和各省的相关人士协商制定。协商过程中，还在国家和省级层面开展 AET 能力建设，设立国家和省级农业教育与培训专题组论坛和国家战略制定小组论坛。

具体来说，关于 AET 培训计划，在农业、渔业、农业加工和相关部门创造了 100 万个就业岗位。同时增加对农业技术、研究和发展适应战略的投资，以提高质量为重点，扩大农业教育体系。AET 培训计划积极推动国家与工业部门合作，创新农业推广和培训手段，提高高等教育部门拥有博士学位人员的比例，每年在每百万人中培养超过 100 名博士毕业生。

（一）AET 培训目的

（1）建立和维持一个有效和协调的 AET 培训体系，用于整合各级农业教育与培训，并对南非农业做出适当的反映。

（2）使所有南非人能够更加公平地获得参与 AET 的机会，并使他们的参与更有意义。

（3）保证各级 AET 培训计划能够行之有效。

（二）AET 培训计划相关政策

**1. 提高 AET 培训计划的一致性和协调性**

目前 AET 培训系统内的分散性和缺乏协调性备受关注，迫切需要一种方案以解决在质量、标准、结果、程序以及资格课程方面的分歧，可采取如下几条措施：

（1）改进正规与非正规教育培训部门之间在培养方案（和资格认证）方面的衔接性。

（2）改进正规教育培训机构内横向（不同机构之间）和纵向（向更高级别）之间的衔接和移动性。

（3）纠正过去的不平等。迫切需要纠正 AET 在为不同种族提供服务方面的不平等态度。需要重点关注如下几个方面：在资金上向弱势种族倾斜；通过改善教育质量、基础设施、实训设施、教学辅助设备等手段，提高传统黑人院校的质量和水平；消除那些弱势群体接受 AET 培训的阻碍，如：入学要求、学习费用、语言障碍、教学辅助设备等。

**2. 提高对农业挑战的响应能力**

农业部门希望 AET 培训计划在应对农业需求和挑战时更加敏感，更具有针对性，主要在以下两个领域：

（1）需要将农业定位为一个以市场为导向的业务，也就是将重点从之前片面的注重农业生产，转向优化整个农业产业链所需的知识和技能。

（2）拓宽业务范围，以应对南非在食品安全、可持续发展、环境保护、水资源等领域面临的一些紧急挑战。

**3. AET 培训计划将主要目标放在稀缺技能培训上**

AET 培训计划可以解决正面临的技能和受教育人才短缺问题，主要关注五个方面：

（1）农业生产，扩大商品的供销途径，使得大规模商业化的农场和那些小规模农户能够很好地衔接，并产生一个有利的市场。

（2）农业工程，专门开发可供小规模经营的农民使用的技术。

（3）农业经济，将重点放在那些能帮助新农民建立起独立自主、可持续经营的农场的人才培育上。

（4）农业发展，需要可以帮助农民关心食品安全、增加收入、实现可持续发展和土地保护的有识之士。

（5）具体的人才短缺行业，如兽医。

## 二、提供农业教育与培训的农业院校及机构

在南非，多个法定、私营机构均提供农业教育和培训。

### （一）主要农业院校

南非的农业技能培训主要集中在高等中学、高等农业院校、继续教育与培训学院（FET）和高等教育机构。在高中阶段，有许多学生选择农学作为自己的主修课。2003 年，有 42 所农业高中将农业科学作为一门主修课。这些农业高中的学生和那些在高中选择农学作为学习科目的学生可更进一步地选择农业作为自己高等教育的一个重点领域。有 12 个继续教育与培训学院提供和农业相关的职业规划。这些继续教育与培训学院提供完整的认证及短期课程。12 所高等农业院校可以提供农业方面的学历学位水平认证，还有 19 所大学提供包含农业经济学、动物、园艺和植物科学等方面的本科和研究生水平的农业认证（南非农业部，2006）。

在南非，有 12 所公立农业大学提供分级的资格认证（NQF1 级至 NQF6 级）。分别是东开普省的 Fort Cox 大学（福特科克斯大学）、Grootfontein 大学（格鲁特福特大学）和 Tsolo 大学（提索伦大学），自由邦省的 Glen 大学（格伦大学），夸祖鲁-纳塔尔省的 Cedara 大学（西德拉大学）和 Owen Sithole 大学（欧文西拖莱大学），林波波省的 Madzivhandla 大学（马丁汉德拉大学）和 Tompi Seleka 大学（汤姆希拉卡大学），姆普马兰加省的 Lowveld 大学（罗韦德大学），西北省的 Potchefstroom 大学（波特菲斯特大学）和 Taung 大学（唐格大学），西开普省的 Elsenburg 大学（伊兰博格大学）。这些大学由国家农业部门和省级农业部门监督管理，大学提供各种农业项目，还有一些机构提供各种农业课程，有受教育意向的农民、推广人员、动物卫生和工程技术人员可在这些农业大学接受培训（表 8-1）。

表 8-1　公立农业大学及其重点研究领域

| 省份 | 大学 | 研究领域 |
| --- | --- | --- |
| 东开普省 | Fort Cox | 动物和作物生产、动物卫生、农业综合、销售和林业 |
| | Grootfontein | 动物生产、农业管理、牧场和作物、农业技术服务 |
| | Tsolo | 动物生产、作物生产 |
| 自由邦省 | Glen | 动物生产、农业管理、作物生产、农业综合 |
| 夸祖鲁-纳塔尔省 | Cedara | 作物生产、动物卫生、动物生产、机械工程、农业经济、土壤科学、生态学 |
| | Owen Sithole | 作物生产、动物卫生、动物生产、机械工程、农业经济、土壤科学、生态学 |
| 林波波省 | Madzivhandla | 动物生产、作物生产和混合农业经营、农业综合、灌溉管理 |
| | Tompi Seleka | 动物生产、作物生产 |
| 姆普马兰加省 | Lowveld | 水资源管理、农业资源管理、作物生产、林业、土壤科学 |
| 西北省 | Potchefstroom | 农业资源管理、作物生产、动物生产和保护、工程学 |
| | Taung | 农业资源管理、作物和动物生产 |
| 西开普省 | Elsenburg | 资源管理、兽医服务、作物和动物生产、研究和技术 |

南非农业和生命科学学院院长协会（ISAALSDA）是 2014 年成立的，其目的是提高人们对农业科学的认知，并将南非和整个非洲大陆的农业学院相互联系起来。该协会还通过地方高校农业建设论坛和全球农业和生活高等教育协会联合会，将南非与各大国际机构与平台的农业科学和生命科学学科联系起来。

## （二）农业部教育和培训局（AgriSETA）

农业部教育和培训局（AgriSETA）是在中等农业教育和培训局（SETASA）与初级农业教育和培训局（PAETA）合并后于 2005 年 7 月 1 日成立的。

农业部教育和培训局已批准、认可了部分培训机构在全国范围内提供农业技能方面的培训，包括农业院校、继续教育与培训院校和私人供应商。目前，农业部教育和培训局在全国拥有 246 所注册批准机构，这些机构有大有小。初级农业私人供应商在农村地区和社区提供大多数培训项目，而针对大多数经营商的培训将由继续教育与培训院校和农业院校提供。由于农业部教育和培训局有其部门的两重性，尽管它无法满足技能的总需求，但是可以为长期、临时和季节性工人提供相应的培训。2008/2009 年度，农业部教育和培训局批准了 559 项培训协议，同年提供的技能课程吸引了 2 700 多名员工。考虑到雇主组织内的技能发展，2009 年近 100 万人接受了一系列分部门的培训，86.3% 的培训都由大型企业提供。

农业部教育和培训局确立了 2013—2016 年的战略目标，并制定了相应计划。以这些计划为基础，农业部教育和培训局制定了用于指导年度计划和预算的年度评估计划（2013/2014）。考虑到农业部门、技能需求和向国家工作重点的调整，农业部教育和培训局会调用所有可用资源来关注并努力达到如下 7 个战略目标，如表 8-2 所示。

表 8-2　农业部教育和培训局关注的主要领域及战略目标

| | | |
|---|---|---|
| 关注的领域 1 | | 可信的体制结构 |
| | 战略目标 1： | 建立一个农业部门内部技能培养计划和实施方面可信的体制结构 |
| | NSDSIII 标准——目标 1 | |
| 关注的领域 2 | | 工作方面的和职业向导的学习 |
| | 战略目标 2： | 建立一个坚实的公私关系（PPPs），以鼓励民众参与工作技能培训和职业指导培训 |
| | NSDSIII 标准——目标 2、5 和 4 的一部分 | |
| 关注的领域 3 | | 农村发展和合作 |
| | 战略目标 3： | 加强农业和农村发展进程以减轻贫困，促进粮食安全，发展农村经济 |
| | NSDSIII 标准——目标 2、5 和 4 的一部分 | |

（续）

| | | |
|---|---|---|
| | 农业教育和培训体系 | |
| 关注的领域4 | 战略目标4： | 加强农业教育和培训体系建设，包括 AFETs，更好地应对部门的需要 |
| | NSDSIII 标准——目标3 | |
| | 强制性授予系统 | |
| 关注的领域5 | 战略目标5： | 管理强制性补助金制度，以确保工作技能计划（水安全计划）和公司的年度培训报告（ATR）的有效性，以及强制性补助资金的拨付效率 |
| | NSDSIII 标准——目标3 | |
| | 青年与职业发展 | |
| 关注的领域6 | 战略目标6： | 支持青年的职业发展，向年轻人提供农业和农村的发展机遇 |
| | NSDSIII 标准——目标8和4的一部分 | |
| | 公共部门的能力 | |
| 关注的领域7 | 战略目标7： | 提升公共部门和其他相关部门的管理及其服务水平，并为农业和农村发展提供适当的支持 |
| | NSDSIII 标准——目标7 | |

目前，农业部教育和培训局在满足南非商业农业部门的需求方面发挥了良好的作用。但是，农业部教育和培训局尚不能满足占比巨大的非官方的农业机构的经费需求。因此，尽管农业部教育和培训局在促进技能发展方面具有巨大潜力，但迄今执行的项目规模均较小，且较为零散，缺乏协调性和连贯性。其对于大学之间的合作潜力挖掘不足；对于技术及职业教育培训公立院校（TVET）和私营部门为实践培训创造的实习机会和就业机会的利用也严重不足。

## 三、农业教育与培训方式

### （一）农业正规教育

农业作为一门学科已经从小学阶段的课表中删除，但还包含在 OBE 系统（以结果为本位的教育）中进行间接教导。然而，人们对农业的重要性认识不足，很少有小学教师接受过专门的农业训练，配套的教学材料和设备也不容易获得。

中学阶段的 AET 培训质量也很差。高中阶段提供的农业教育无论在师资方面还是在实际培训设备方面都相对薄弱，学生的农业学习效果不佳，且往往存在着不重视农业学习的条款，在欠发达地区更是如此。

在农业院校阶段，AET 培训还能获得较好的资源。在大多数情况下，农业院校为 AET 计划提供种植业和养殖业的多种培训，有些院校设置了专门研究一些有独特地理特性的作物专业，农业推广的元素也经常包含在培训课程中。学制为 1～3 年，学员获得文凭认证可以毕业。

在技术学校，AET 培训遵循实用的课程设置原则，虽然这些课程少于农业院校的课程，但通过引进技术学士学位，技术学校逐渐增加了理论课程的成分，增加了对农业科技（侧重作物和畜牧生产）的重视。

大学提供了非常广泛、多元化的农业科学教育，包括与作物和牲畜相关的产前、产中和产后技术。大学还提供各相关学科方面的教育，包括农业工程、农业管理、农业经济、土壤科学、食品安全、农业推广、社区资源管理、生物资源以及一些特色专业，包括葡萄栽培、水培、林业课程和野生动物管理等。

在国际上，跨学科的农业教育已是 AET 培训的一个重要组成部分。南非在这一方面已经取得了一些成效，特别在推广教育和粮食安全领域。此外，全球化和国际竞争正在推动全球农业课程发生显著的变化。粮食安全和农村普遍存在的贫困现象是南非面临的一个长期问题。

### （二）农业非正规教育

非正规 AET 培训是由一系列的供应商提供的，这些教育提供者包括：公共农业推广和培训服务机构、非政府组织和私营部门机构。

这些供应商都是 AET 培训网络的内在组成部分，其中农户层面的 AET 培训推广者是从业人员、农业技术人员以及类似的基层管理者。这些人员既是 AET 培训的提供者也是接受者。

此外，提供非正规 AET 公共推广服务需要考虑的其他重要因素包括：农户之间的距离，推广人员所能到达的地理位置，客户文化程度，当地农民团体和协会的实际运作水平。

如上所述，由于在很长一段时间内南非对土地、资本和市场等生产资源进行不公平分配和不均衡发展，形成了一个二元农业经济。一方面，南非农业中土地和资源的投入、销售与市场，仍然主要掌握在少数白人的手中；另一方面，南非的农民和生产者在被剥夺权利、资源匮乏和缺乏训练有素的管理者情况下，很少或根本没有获得市场收益的机会。

### （三）稀缺技能培训

南非农业部在农业项目的年度报告（2006）中也指出了在稀缺技能专业招生人数和毕业人数间的巨大差异。有一些机构针对稀缺的技能设置相应的课程项目，如由夸祖鲁-纳塔尔大学、斯坦陵布什大学和比勒陀利亚大学所提供的农业工程、葡萄栽培与兽医学课程，它们是少数几个为稀缺技能提供课程方案的教育机构。

农业部门可以与农业院校、继续教育与培训院校（FET）以及高等教育与培训（HET）教育机构密切协商，让它们开设相关技能的培训课程，来实现对新农民的长期培训计划。还可以通过类似于专门的技术方案和培训协议等其他途径来对农业从业人员进行培训。目前有 15 个已注册的农业子行业相关认证，农业部教育和培训局有 94 个已注册的对部分稀缺技能的培训协议。

在稀缺技能培训领域中，新成立的技术及职业教育培训公立学院（TVET）是一系列改革和合并的结果。其提供的培训种类繁多，培训质量也颇有保障。学院有一定程度的自主权，其预算由学院理事会管理。技术及职业教育培训公立学院（TVET）的工作人员现在直接由南非高等教育培训部（DHET）雇佣，他们 90％ 的收入来自直接拨款或有条件拨款（Wedekind，2016）。少数大学可以通过与产业界签订合同或东南组织联盟（SETA）赠款带来额外收入。理论上讲，这些机构本应在农业高等教育和稀缺技能培训中发挥重要作用。但事实上，南非技术及职业教育培训公立院校（TVET）无法满足随着行业扩张而日益增长的入学人数和高质量毕业生的需求（Tsamela，2016）。

南非大约有 50 所技术及职业教育培训公立学院（TVET），其中只有 13 所提供农业课程，其所提供的职业化课程包含 N1 到 N6。南非的技术及职业教育培训公立学院（TVET）专门提供三种类型的农业项目课程。同时通过支持农业部门和其下游农产品相关行业间接提供工作机会。目前在技术及职业教育培训公立学院（TVET）系统中注册农业相关资格的学生总数不超过 1 500人（Wedekind，2016）。

### （四）成人基础教育和培训（ABET）

1995 年，南非国家教育部门针对成人基础教育和社区教育培训成立了指挥部，实现了对成人基础教育和培训（ABET）的承诺。成人基础教育和培训

（ABET）和终身学习合并后，指挥部进行了重组和改名，现为成人教育和培训指挥部。成人基础教育和培训（ABET）是国家资格认证框架的一部分，以保证教育系统内不同级别间的垂直和水平移动。2004 年所有省级教育部门已在省内建立了 ABET 工作管理机构以推动成人教育和培训水平提高。

2013 年，由《高等教育与培训白皮书》提出的社区学院是一种新的教育机构。白皮书中关于设立社区学院的主要目的是解决失业、成人识字能力和其他各种社区问题，从而服务学院和大学以外的人群。它将合并那些原本侧重于教授成人基础教育和培训认证课程的公共成人学习中心（PALCs）。新成立的社区学院将发挥更为广泛和深刻的作用，提供一个新的"成人入学证书"，即"国家成人高级证书"（NASCA）。已经建立了 9 所试点院校（每个省 1 所），并开始为成人提供教育课程。与此同时，DHET 也在探索一些全新的高校办学模式，至少有三个独立的委员会或任务小组正在研究新学院中的基础设施、资金和项目等。争论的焦点围绕着大学是否主要关注正式培训资格认证，如国家成人高级证书（NASCA）。鉴于财政限制，DHET 无法获得建设基础设施的必要资金，这意味着它最有可能利用学校、学院和其他基础设施，并进行虚拟运营。虽然社区学院在提供农业课程方面的作用尚未最终确定，但它们显然是提供诸如农场工人扫盲、社区农业和粮食安全课程、新农民和小农户培训的重要方式。在成人教育这一领域，社区学院还将扮演更为重要的角色并产生深远的影响。

## 四、农业教育与培训资金

在南非，教育资金及资源分配是一个备受争议的问题。所有教学机构和部门都表示需要更多的资金来资助 AET 培训项目，特别是需要更多的资金来使各机构能够提供实际的、与职业教育有关的培训。由于缺乏资金和适用于培训的基础设施，学校无法有效地向学生教授系统的农业科学知识和课程。同时，现有资金无法得到有效分配或有效管理。目前，各机构仅为国内和有限的海外学习交流提供资助，为学生提供资金，尤其是为那些无法获得国家自然科学基金资助的大学生提供资金是很有必要的。AET 培训系统需要在实践和培训层面采取新的沟通方式，包括建立与工业部门和私人企业的联系等。

## 第二节 农业教育与培训面临的主要问题

南非的农业教育和培训体系将有助于南非应对未来农业行业的需求和挑战，但由于其自身的局限性，南非的农业教育与培训将面临以下问题：

### 一、组织分散、缺乏协调

农业教育与培训体系在组织连贯性和协调方面有所缺乏，正式和非正式部门之间的教学计划均存在着连贯性弱的缺点，农业教育与培训体系在发展重点和优先次序方面也未制定出明确的战略方向。

在项目资助方面存在不均衡现象，不能够均衡地将资助项目提供给不同的地区，例如，相对于传统黑人院校，前白人机构能够获得更好的资源。

各培训机构的教学计划在质量、标准、结果和课程设置方面有着明显的不同，从而限制了学生进行学习课程变更的机会，也为学生接受高水平教育设置了壁垒。

### 二、质量监控不严

无论是课程内容还是教育工作者的资格条件，学校农业培训和教育的质量难以控制，而非正式教育的质量在很大程度上又没有经过权威机构的评估和认可。历史上的白人机构仍有相对较好的培训、教育和人力资源方面的基础设施资源，而黑人机构资源匮乏，不重视教育工作者的农业教学资格，只能提供质量较差的农业培训。

非正规 AET 培训在质量监控方面几乎完全缺失，而正规的教育和训练也仅有部分实行质量监控且方式五花八门，对教育质量的监控效果也各不相同。

### 三、低质量的教育和培训

课程设置：社会需要对正规教育和培训课程中的一些内容进行改进，尤其在市场营销、管理、增值及其他实用技能领域，但目前尚没有课程设置方面的改革方案。

教师培训：教师进行中等农业培训时，不管在理论还是在农业实践方面往往都没有经过恰当的训练，从而降低了学习者接受农业高等教育的机会。教师在进行高等教育水平的农业培训时，往往偏重农业理论，而实践训练不足。因此，毕业生在农业部门能够运用的实用技能较少。在中等和高等农业教育中，只有少数的教师接受了相关培训，拥有教学资格。

## 四、低保障的教育和培训

由于存在各种障碍，包括经济承受能力、入学要求、与培训中心的距离、识字和算术、教学语言等，弱势群体特别是妇女和残疾人仍难获得高质量的农业教育和培训。

## 五、农业职业的负面形象

研究表明，农业作为一种职业选择在青年人心中仍是负面形象。农业被认为是穷人和老人才会从事的、不赚钱的工作领域。此外，对于农业的认识限定在一个很窄的范围内，并等同于初级生产。大多数青年人不会将农业作为一个有利可图的事业，并对这一职业发展前景缺乏良好预期。

## 六、农业领域缺乏关键技能

农业培训涉及广泛的科学与实用技能和知识，包括以下四大领域：农业生产、农业工程、农业经济、农业发展。

（一）农业生产

农业生产培训集中在有限的几种产品和小部分人身上，从而导致南非黑人很少能拥有高水平的生产技能；农业研究的范围仅限于有限的几种商品并只面向大规模商业化种植养殖，不能满足小规模和自给自足生产者的需求，从而忽略了小众产品所带来的机遇；家庭粮食安全和农村生计的可持续性存在问题。

因此，南非的高等农业教育面临两方面的挑战：第一是进入高等农业院校的学生数量普遍下降；第二是来自弱势群体的农业科学家数量有限。

## （二）农业工程

农业工程培训主要集中在大型商业化农业方面，适合小规模生产者的技术十分短缺。例如，适当的、可持续的生产技术和后期处理技术（例如加工技术和食品储存技术等）。历史上，黑人大专院校缺乏工程类课程和数学、物理科学方面的教学，因此，弱势群体缺少农业工程方面的训练。

## （三）农业经济

农业发展对一般农业经济技能和相关的农业企业、农场规划、农场管理等能力迫切需要。

## （四）农业发展

随着农业的迅速发展，越来越多的新成员进入农业领域，但这些新进入者所需的技能严重缺乏，包括农业技术推广、可持续的生计、粮食安全、资源管理、农业法律和政策、土地和环境管理等各个方面。

农业技术推广变得越来越迫切，如何使农民掌握农业技术，如何使专业研究者将农业技术推广到农业生产中并取得价值增值，是农业发展对 AET 培训系统提出的一个挑战。

# 七、培训对象失衡问题

## （一）人种失衡

南非高等教育管理信息系统数据（2016）显示，在博士、硕士、学士和其他学历中，农业学科入学和毕业学生的有色人种比例远大于白人，且这一差距仍在不断增大。

## （二）性别失衡

在农业科学领域也存在明显的性别差异，女性在该领域的人数明显较少，2014 年仅有 30％的博士学位获得者是女性，其他学历的性别差距则相对较小。

从 2010 年到 2014 年间，女性学生的数量总体上有所增加。南非的农业大学将招收更多的女性学生，并且培养那些准备走向领导岗位的学生。虽然总人口中有 50% 的女性，且她们在农业和相关行业三分之二以上的岗位发挥作用，但仍未被重视且经常被低估。妇女在食品生产、食品推广和食品采集方面扮演了十分重要的角色。许多研究都表明可以通过提高女性的教育、培训、可获取的资源、技术、信息和知识来加强女性的技能。课程改革是实现思维方式和价值体系改变的根本。在许多非洲国家，主要由女性来采集食物，因此农业教育、研究和发展没有从性别方面采取重视女性教育的政策，是农业发展停滞的关键因素。

# 第三节　农业教育与培训的发展趋势

在 2016 年的南非农业教育与培训会议上，审议了未来农业教育与培训系统的一系列指导原则和方针，包括以下内容：

（1）AET 的愿景应当与南非的农业、科学和其他社会经济政策相一致，并遵循南部非洲发展共同体和非盟的非洲农业综合发展计划。

（2）AET 的愿景应当是积极正面而鼓舞人心的，能够吸引年轻人并引起全体南非人的共鸣。

（3）未来的 AET 系统应对预期用户和受众的需求作出积极反应，并对全社会提供迅速的反馈。在持续发展的基础上进行经济、环境和技术领域的深刻变革，从而在 AET 的所有组成部分中建立具备平衡性、可预见性和高弹性的组织结构。

（4）AET 要从目前的制度发展到一个全面完善的制度，需要一个较长的过渡，这一调整过程必须稳健、专业、有效且保证质量。

## 一、AET 正面临着许多严峻挑战

这些挑战很多是历史遗留下来的，早在南非的民主制度形成时就显露端倪，而现在迫切需要解决这些问题。必须认识到，公共教育和培训制度自 1994 年以来一直处于一种不间断改革状态，AET 的体系具有高度流动性。

## 二、AET 缺乏积极向上的工作氛围

AET 目前的组织体系正迫切需要进行实质性的治理和改革，以实现更大的一体化、合作制以及问责制，从而使现有资金、人力资本和基础设施的回报达到最大化。南非农业必须朝着未来农业现代化、可持续方向前进，这需要所有的参与者都遵循 AET 培训系统的重点方向。

## 三、需要有关的政府机构和足够的社会资源来维持有效、高质量的 AET 系统

AET 系统虽然原则上支持并允许国家资格框架（NQF）设定，但 AET 系统的各个子系统之间的连接和沟通非常少，一些关键部分的障碍阻碍了一体化集成系统的实现，学生从学校到校外教育的过渡就存在这样一个关键的阻碍点。高中里的农业课程可能对想要进入高等院校的学生不利，而数学是这一过程中最大的障碍。高中一级的农业课程需要将数学融入该系统，以使其和现有的教育结构接轨。农业院校在农业工作中的定位缺乏清晰的认知，这对农业教育的发展产生了不利的连锁反应。

## 四、AET 培训还没有足够数量的高素质毕业生

到目前为止，主要问题出现在缺乏受过系统教育和培训的学生身上。农业产业链所需要的技能来自更广泛的学科，而不是仅仅以农业为重点。但学生主要是接受商业的农业教育，很少关注小农农业这一层面。同时需要在课程中采用多学科和跨学科的方法，以解决现代农业问题，找到解决重大挑战的方法，如气候变化，并同时推动经济发展。当今的职场需要培养所谓的 T 型技能，即拥有专业知识深度的同时要掌握广泛的软科学知识。T 型技能必须被定位为学科知识的必要补充，而不仅仅是附加品。AET 培训需要更多的实践机会、实习考察和行业内实习，需要改善业界与高等教育培训者之间的沟通和交流问题。

## 五、需要着重强化合作和反馈机制

研究、教学、推广三者之间的联系不紧密，需要在三者之间进行更好的协调与强化。研究支持迫切需要农业研究委员会和国家农业研究中心加强合作交流。这些组织在农业教育和农业发展方面有着与 AET 相似的愿景和使命，但也需要更大层面的正式合作，以便在农业培训方面做出更集中和更有价值的贡献。国际经验表明，通过加强科研和创业精神，可以促使农业创新成为发展的关键驱动力。然而，没有有效的创新应用、消化吸收和反馈机制，农业进步也将无法实现。

## 六、至 2030 年的发展方向

为了构建 AET 系统的未来愿景，南非农业部提出，要建设"统一和繁荣的农业"。虽然措辞简单，但准确阐述了最终的理想状态，并与第二十五届非洲联盟峰会所提出的《2063 年议程》相呼应。在对未来的宏大设想里，AET 的愿景可以表述为"为农业和农村发展提供无障碍、快速响应、高质量的教育和培训"。这一宏大的愿景强调了在继续支持农业产业链的同时支持土地改革的要求。

至 2030 年，南非 AET 培训系统应当实现：

（1）一个积极追求农业卓越发展和高度繁荣的组织化、高效率的系统。

（2）一个充满活力和凝聚力的、高度联系的、精通熟练的、全面发展的系统，将聚力于加强农业繁荣、社会经济发展和福祉。

（3）一个实现全面整合、协调和有益竞争的系统。

（4）一个现代化水平的高等教育人才和培训机构，同时提供充足的资金储备。

# 第九章 CHAPTER 9
# 南非农村能源 ▶▶▶

∴∴∴∴∴∴∴∴∴ 第一节  农村能源利用现状 ∴∴∴∴∴∴∴∴∴

与其他经济部门相比，南非农业部门的能源消耗相对较低。如图 9-1 所示，农业部门消耗的能源仅占年南非能源消耗总量的 2%，南非消耗的大部分能源用于支持工业和矿业（35%）、运输业（29%）和建筑业（32%）的生产活动。

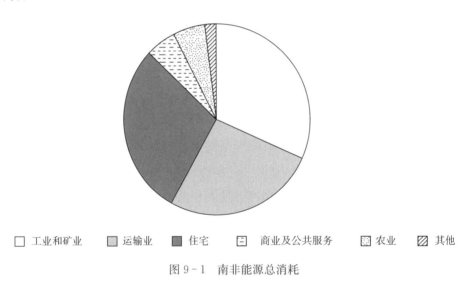

□ 工业和矿业　▨ 运输业　■ 住宅　⊟ 商业及公共服务　▨ 农业　▨ 其他

图 9-1  南非能源总消耗

即使把能源消耗分成不同的能源种类，农业部门在每一种不同能源中的消费份额同其他部门相比仍然很低。图 9-2、图 9-3、图 9-4 显示了南非各部门对电力、石油和煤炭能源的消耗。

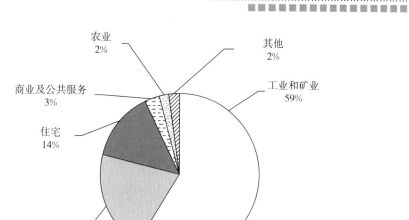

图 9 - 2　南非总电量消耗量

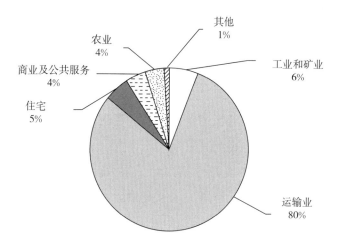

图 9 - 3　南非总石油消耗量

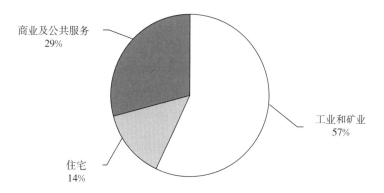

图 9 - 4　南非总煤炭消耗量

从以上可以看出：第一，农业部门是南非电力消耗最少的部门之一，农业部门的用电量占南非总用电量的3%。南非的大部分电力用于工业、矿业和建筑业。第二，农业部门只占南非石油产品总能源消耗的4%，大部分石油产品能源用于运输部门。第三，农业部门是南非煤炭消耗的最小部门，所占份额不到1%。

虽然农业部门的直接能源消耗似乎相对较低和不显著，但考虑到与农业有关的间接能源，可能会造成完全不同的总能源消耗。更为重要的是，农业和农业社区是南非粮食安全、生态环境安全的巨大贡献者。实施可回收能源实践和可再生能源替代方案将带来巨大的效益，可以减少气候变化对农业部门的负面影响。

## 第二节　农村能源利用政策法规

南非以自给自足能源政策为目标，导致南非大量、频繁、不经济地投入到燃料加工厂以及核燃料产业上，仅留下微薄的财力用于改善家庭电力供应。因此，国内的电力供应在群体和地区之间存在巨大差异，绝大多数无电的家庭集中于农村，南非农村和偏远地区的电气化水平普遍落后于城市地区。在农村和城市地区的穷人们往往无电可用。

1994年后，南非政府的能源政策得到了很大改变，政府开始将目光由能源供给转移到能源需求方面，特别关注家庭用能，以及给穷人提供可负担得起的能源。

### 一、《能源政策白皮书》

在1998年12月出台的《能源政策白皮书》中，南非政府对于能源调整的目标是：通过满足穷人的能源需求提高社会公平性；通过对工业、采矿业和其他行业提供低成本和高质量能源的投入，提高南非经济的有效性和竞争性；短期和长期自然资源利用的可持续发展。

政府对能源部门的政策在1998年的《能源政策白皮书》中也有详尽说明：增加可负担得起的能源服务供给；改善能源管理；刺激经济发展；关注能源带来的环境影响；通过提供多样性能源保障能源供给。

随着时间的推移，1998年《能源政策白皮书》中提到的目标有所调整，

2005 年调整为如下目标：到 2014 年，普及能源使用；特别为穷人提供能负担得起、可靠的能源；使重要能源多样化，减少对煤炭的过度依赖；帮助和鼓励私人部门对能源的投资；能源使用要注重环保。

## 二、《可再生能源白皮书》

2003 年 11 月出台的《可再生能源白皮书》补充了政府在《能源政策白皮书》中所述的主要能源政策，该政策承诺政府将支持可再生能源的发展、示范和实施，以供小范围的实验和大规模的应用。这份白皮书阐述了南非政府促进和实施可再生能源的愿景、政策原则、战略目标和发展规划。此外，它有以下两个主要目标：①告知公众及国际社会南非政府的政策目标，以及政府将通过何种手段、如何实现这些政策目标；②向政府机构和国家机关通报这些政策目标及其在实现这些政策目标中所起的作用。

## 三、国家电气化工程（NEP）

### （一）国家电气化工程的主要类型

**1. 电网电气化工程**

国家电气化工程（NEP）是由政府资助、主要针对以前处于不利地位的农村地区以及学校和诊所，工程的主要目标是到 2001 年将国家电气化水平提高到 66％，其中农村地区电气化水平提高到 46％，城市提高到 80％。这意味着可以为 250 万户家庭提供电力。到 2001 年电气化整体上提高 66％ 的水平得以实现，农村地区比设定的目标稍高，实现程度为 49％，而城市为 77％。2001 年后，电气化继续发展，到 2003 年整体国家电气化水平为 69％。

国家电气化工程（NEP）是由 Eskom 电力公司和各个市政供电商实施。Eskom 在 1991 年发起的口号是"让所有人都用上电"。1993 年，36％ 的人口使用电网电力，从 1994—2000 年，每年平均新增通电家庭为 45 万户，共新增了 340 多万户通电家庭，超越了到 2001 年新增 250 万户的目标。到 2018 年，依然有约 20％ 的人口，主要是穷人无电可用。

**2. 非电网电气化工程**

国家电气化工程的另一举措是对农村地区的离网型电气化工程。当国家电气化工程短期或者中期不能满足偏远地区的连接电网的需求时，电网电气化工程的替代品离网型电气化工程——清洁能源应运而生。非电网电气化工程是为了扩大对偏远地区的供电而发起的。政府通过对能源付费的方法推进能源服务公司（ESCO）模式，5 个私有公司分别被允许在特许区域建立非电网能源服务机构，许可协议能源服务公司安装和维护所分配农村的非电网电力技术，目标是在 7 个特许地区提供 50 000 套太阳能住宅系统。

每安装一套家用太阳能系统，政府根据成本会奖励补贴 3 500 兰特。但是能源服务公司却声称政府未考虑到全部成本，因此政府同意能源服务公司可以收取每户 58 兰特/月的服务费和 100 兰特的前期安装费，58 兰特/月服务费中的 40 兰特由政府承担。

非电网电气化工程中的太阳能技术被用于偏远地区的学校和诊所。诊所的非电网电气化工程比较成功，但学校的安装却存在一些问题，从 1996—1998 年安装了 1 400 套太阳能系统，但是 2000 年发现仅有 6% 投入使用。太阳能系统可提供每日额定 50 瓦最大功率，每日发电量可供应约四盏灯、一个收音机和一个黑白电视机，不能用电来做饭，因为太阳能系统功率太低不能支持电炉或者电热板的使用。相对于电网电气化，太阳能系统的弊端是显而易见的，妇女们仍然不得不收集薪柴用于做饭。因此，绝大多数使用者将太阳能的使用作为一种临时性方案。

## （二）国家电气化工程的益处

尽管电气化工程有一定的缺点，特别是非电网电气化工程，但是实施电气化工程（无论是联入电网还是非电网）的穷人社区的福利整体得到了很大提高，具体体现在：减少了薪柴使用带来的空气污染；诊所的医疗健康服务由于通电有了很大的改善；提高了学校的工作效率，如可以使用复印机和电脑。

## （三）国家电气化工程的投资

政府进行了大量投资鼓励基础设施的修建，以及电力设施的修缮和翻新，以提高电力供给质量。通过国家电气化综合项目，2007/2008 年提供给市政供电商 4.378 亿兰特，2008/2009 年总计 5.956 亿兰特，2009/2010 年为 8.97 亿兰特，2010/2011 年为 9.508 亿兰特。给予 Eskom 公司 2008/2009 年为 11.508 亿兰特，2009/2010 年增加到 14.208 亿兰特，2016/2017 年增加到 23.493 亿兰特。可见，

Eskom公司分享了资金的一大部分，因为他们提供了农村地区的大部分能源供给。

## 四、农村基本电能免费政策

### （一）实施背景和方案

国家电气化工程，对于很多穷人来说，并不是简单地连入电网的问题。很多穷人并不能从入网中获益，因为他们中的很多人难以负担满足生活的最少用电量，拖欠电费、并由于持续拖欠电费而被断电，这又导致了这些被断电的用户非法接入电网，当这种非法行为被 Eskom 公司发现，将会被永久停电。如果想再加入用电系统，则需要负担昂贵的重新安装费用，这就意味着他们不可能和电网连接，改善生活质量也就无从谈起。为了避免用户非法用电，Eskom公司推行了预付费电表，穷人们常常没有能力购买足够使用的电力，到月底就没电可用了。为此，南非政府推行基本电能免费政策，对于电网供电的家庭每月可享受 50 千瓦时（约 18 兰特）的免费电量，对于非电网用电的家庭，政府补贴能源服务费 58 兰特/月中的 40 兰特/月，这意味着使用者还要自己支付 18 兰特/月。Eskom 公司主要负责向农村地区提供免费的基础电力，到 2018 年，他们服务了 1 854 199 户。

### （二）遇到的问题

#### 1. 对于接入电网的用户

第一，政府认为一般穷人家庭每月消费电量不可能超过 50 千瓦时，这也是为什么将免费用电量规定在这一数值的原因。通过调研发现，很多家庭 50 千瓦时/月是远远不够的，有的家庭消费电能甚至高达 600 千瓦时/月，这是由于不合理的房屋建筑结构对取暖的需要导致的，如果仅仅用来做饭和照明，50 千瓦时还是够用的，这也就是为什么接入电网的很多家庭依然用薪柴来做饭。

第二，基本电能免费政策对家庭不加以区分。首先，很难界定谁是穷人和拥有获得补贴资格，这样补贴给了很多非穷人家庭，使得政策效果大打折扣。其次，没有考虑家庭结构差异，人口多的家庭明显人均受益更小。

#### 2. 对于非电网用户

这些用户首先需要安装太阳能设备，这就意味着要面临更多的资金制约因素。

**3. 对于尚未通电的用户，特别是穷人面临用电的高成本问题**

居住密度较低，将房屋纳入电网的连接成本很高，通常都与现有电网距离较远，导致额外的供电线路负担。因此，农村的电力推广举步维艰，需要一个长期的财政支持。

## 五、农村小规模风能的开发利用

南非目前已在沿海地区大量使用了当地制造的风力提水机组，性能可靠，成本较低，主要为牲畜提供饮用水，风能已经成为南非农村地区的重要能源资源。南非全国目前已安装的风车约有 10 万台，90％为当地制造。风车适用于年均风速低于 3 米/秒的区域，由于风车性能可靠，维护费用低（为投资费用的 5％，诸如齿轮箱、风轮、尾舵、底塔和风车塔等的使用寿命为 30 年，水泵为 10 年），故每年国内定购数为 100 台，出口数量也相似，人们优先选择风力提水，除投入费用低外，还因为有现成的基础设施，使用简单方便。小规模的风能开发利用与大型光电板或柴油发电机结合使用，更适合 Karo 和 CaPe 北部居民稀少的地区。

## 第三节　农村能源发展趋势

南非是非洲经济发展的领跑者，也是非洲电力规模最大的国家。南非不仅拥有丰富的自然资源、良好的基础设施，还享有完善的金融和法律体系，是非洲的金融、贸易、物流中心。但是，南非能源结构较为单一，电力基础设施不足，电力供应紧张且电价上涨，对南非制造业和矿业等带来了严重影响，已成为制约南非经济进一步发展的重要因素。为此，南非政府提出大力发展新能源，提高太阳能、风能等新能源的应用比例。

南非是一个能源密集型经济体，目前每年产生近 $4\,000 \times 10^{15}$ 焦耳的能源消耗。南非的经济发展和农业生产在很大程度上依赖于低成本的电力和煤炭，为矿业和金属加工业等能源密集型行业提供动力。南非在迎来经济增长的同时，工业、农业和家庭用电需求也随之显著增加。仅依赖煤炭和液体燃料进行化学加工、加热、运输和其他工业活动是远远不足的。

然而，对于能源需求的增长并不是考虑新能源替代供应的唯一原因。首先，南非目前的能源供应主要以煤炭为基础，尽管按照目前的速度，这些资源可以持续使用一个多世纪，但大型发电厂在未来30年将逐渐被取代。其次，煤炭资源有许多其他用途，南非政府需要保护这种资源以备将来之用。再次，煤和其他化石燃料，包括石油，燃烧产生二氧化碳破坏自然环境。人类活动所引起的气候变化已经对自然环境造成了极其恶劣的影响。南非各地区的空气污染状况与能源供应选择密切相关，煤炭和石油产品是城乡空气污染和酸雨的主要原因。

在大多数情况下减少对传统能源的依赖并更多地使用可再生能源，还可以降低南非经济对进口燃料成本变化的脆弱性。国际和南非当地社区正在越来越多地尝试使工业用能消耗转向可再生能源。政策、法规和可再生能源计划，将为可再生能源在工业和农业生产中发挥更大作用提供广泛而强有力的支持。

目前，南非政府正在规划一个渐进的可再生能源应用计划，到2030年，使可再生能源在发电中发挥适度的作用（即大约13.3％的贡献），到2050年，使可再生能源的贡献占比达到70％。随着燃煤电厂逐渐退役，至2030年的设备容量将使南非农业能够迅速扩大产能，并处于国际领先地位。这种可再生能源应用计划对农业生产发展和创造就业机会都具有关键作用。同时，控制可再生能源技术的成本也至关重要，因为只有能被大众接受的低成本，才有利于可再生能源技术在农业生产和加工领域的推广和应用。

考虑到新兴产业，如太阳能光伏、风能和太阳能热电的增长率，新能源产业的规模化发展，尤其是新能源产业在农业生产领域中的规模化发展需要时间。即使太阳能光伏、风能和太阳能热电等新兴产业的年增长率达到20％，仍需要数年的时间，才能开始向电网增加农业领域所必需的能源储备量。

截至2015年的情况和资源评估表明，到2030年，南非有足够的可再生能源以供给大约15％的电力需求；到2050年，可再生能源供给将达到70％或更大比例。从南非农业总能源消耗的角度来看，在渐进可再生计划下，从2005年到2050年，化石燃料的总消费量仍在持续增加，这对气候变化、化石资源和环境变化以及农业发展有着显著的影响。

能源利用在促进农业发展中正扮演着重要的角色，能源作为经济繁荣和农业现代化发展的驱动力之一，有着不可替代的核心地位。可靠且负担得起的电力供应对提升南非在全球工农业产品市场上的竞争力非常珍贵，更是现代社会日常运作的必要组成部分。自1994年以来。南非政府一直面临着解决不平等问题的挑战，特别是贫富差距、高失业率和专业技能人才短缺以及有限的工业产能等领域的问题。为了应对这些挑战，南非政府开始实施一项综合计划，提供立法和政策框架，从而克服经济问题。这一由各项政策法规所组成的综合计划的目标是为社会提供新的就业机会、促进工农业领域发展及实现工农业现代化，将更多的南非人带入主流经济。为有效实现经济转型和工农业现代化，政府制定了包括全面工业化、推进农业发展现代化、选拔专业技能人才、创造就业机会和保障社区发展五个具体目标。

能源政策和法律法规的规划方向影响着南非的工业部门和农业部门的经济发展，包括《再生能源白皮书》《综合资源规划 2010—2030》等多项能源政策文件都具有关键性的引领和指导作用。主要作用包括：保障和维护能源资源数量、促进社会经济发展、治理环境问题、管理能源需求量、提高农业发展水平等。一个国家如果不能提供满足工农业发展和社会能源需求的能量储备，对能源密集型产业的打击将是毁灭性的，对于吸引外国投资也将产生不利影响。同样，当电力费用相对高昂时，对于负担不起的农场主和个体农民带来的负面影响也是极为严重的。如何开发现有资源，评估未来可用的能源资源，开发新能源，都是能源政策和法律法规需要考量的主要方向。只有这样，才更有利于工农业的快速发展和社区居民生活质量的稳步提升。

# 第十章 CHAPTER 10
# 南非农业生态环境保护 ▶▶▶

南非高度重视生态建设与农业发展的协调性。从发展有机农业、推广节水灌溉、重视良种繁育、开展人工造林，直到开发农业旅游，南非的生态、环境、资源始终与农业经济的增长保持着协调同步。南非土地资源丰富，平均每平方千米人口 47 人，但却非常重视资源的适度开发，生态环境保护一直伴随着南非的建设与发展。近年来，南非通过大力发展人工林，已经拥有了世界上最大的人造林，每年的林业总产值可达到 110 亿兰特。在南非每开发一个新的住宅区，邻近就必须规划一个自然生态保护区，全国现已设有 422 个大型生态环境保护区，面积总计 6.7 万千米$^2$，无论从数量上还是占国土比例上均为世界之最。生态旅游业已成为南非旅游业最主要的增长点[①]。

## 第一节　农业生态保护政策法规

南非政府高度重视环境保护、水资源保护、湿地保护、野生动植物资源保护，南非宪法规定，生态环境保护是各级政府的必尽职责。在南非，除环境事务与旅游部外，农业部、水务与森林部、矿业和能源事务部以及卫生部也设有环保监督职能部门，这些部门在制定和执行国家环保标准方面协调行动、相互监督，形成了严密的环保机制。在中央政府直接领导下，参与环境保护工作的政府部门、研究机构、民间组织众多，它们彼此协调，互相监督，建立了一套较为完整的自然生态保护网络和体制。水资源保护法、环境保护法等涉及自然生态保护的法律制度体系健全。整个国家拥有大量的国家保护区、私人保护

---

[①]　南非、印尼农村和农业发展考察报告［J］. 无锡农村工作，2009（29）.

区，自然生态保护早已成为南非人民最为重要的事情，家喻户晓、人人关心。

在1996年新宪法精神及1997年《保护与可持续利用南非生态资源多样性之白皮书》的指导下，南非政府在1998年先后制定和颁布了《国家环境管理法》《国家水法》等几个重要法规；除此之外，其他环境立法还有《海洋生态资源法》《国家森林法》《国家草原及森林防火法》《国家公园法》（修正案）《湿地保护法案》《濒危物种保护法案》等（夏新华，2001）。兹将主要法规及政策介绍如下。

## 一、《国家环境管理法》

《国家环境管理法》最为重要的是第一章。该章第一节确立了南非环境管理的基本原则，即国家有责任尊重、维护、提高与执行新宪法第三条所赋予的社会与经济权利，尤其是对因不公正的种族歧视而被剥夺了基本人权的有色人种。同时，第二节宣布这些原则不仅适用于对本法的解释、运用与执行，而且适应于任何与保护和管理环境有关的法律。第三节对因先前被剥夺了基本权利的人们的地位之改善特别规定如下："①追求环境公正，对环境的有害影响不得以不公正地歧视任何人尤其是那些被剥夺了基本权利的人们的方式予以传播。②为满足人生基本需求，对环境资源的利用享有均等机会；确保人类对福利的追求；采取特别措施以确保各类因不公正的歧视而被剥夺了基本权利的人们享有同等机会。"第四节列举了在可持续发展中应予以考虑的相关因素。其中包括避免环境的污染与恶化，在无法避免的情况下，必须将之限定在最低限度内；避免破坏作为国家遗产的自然景观和遗址，即便在无法避免的情况下，也应将其限定在最低限度内。该法第三章拟定了合作管理的程序；第四章是关于公正决策及冲突解决的规定；第五章是关于综合性的环境管理的规定；第六章是关于国际环境义务与条约的规定；第七章是关于法律的遵守与执行的规定；第八章是关于环境管理的合作条约（夏新华，2001）。

## 二、《国家水法》

南非属半干旱地区，是全世界最干旱的国家之一，人均水资源量仅有1 015米$^3$。南非政府采取了多种措施来保证水资源的可持续利用，重点措施之一就是在法律上宣告环境享有用水权。1998 年的南非《国家水法》废除了在南非普通法中出现和发展起来的河岸权原则，用基于公共权利的制度取代了在水分配方面具有种族歧视色彩的私权制度，用水权被视为公共财产——所有人共享但不能被私人所有的财产权。

### （一）主要目的

南非《国家水法》明确规定法律的主要目的是：①满足当代和今后几代人的基本用水需求；②促进公平公正用水；③纠正过去的种族歧视和男女不平等的后果；④鼓励为公共利益做好有效率、有效益和可持续用水；⑤促进社会和经济发展；⑥满足日益增长的用水需求；⑦保护水生生态系统和相关生态系统，以及其他生物多样性；⑧减少和防止水资源污染和水质恶化等。

《国家水法》规定了水资源利用的目标、计划、准则和程序以及与保护、使用、发展、养护、管理和控制水资源有关的体制安排。具体包括以下框架：①维持生态可持续性所必需的水资源储备；②制定节约用水和用水需求管理原则；③具体规划要达到水质的目标；④对南非当前和未来用水量需求进行准确评估、说明用水盈余和赤字；⑤提供水资源综合管理和集中转移渠道；⑥确定参与水资源管理的机构之间的相互关系。

### （二）水储备制度

为了达到保护人类福利和健康环境的宪法要求，南非《国家水法》规定了水储备制度，定义水的"储备量"是保存必要数量和质量的水源，用于：①满足人们的基本用水需求；②保护水生生态系统，以保证有关水资源能够得到生态可持续开发和利用。

### （三）主要内容

第一章规定原则，可持续性和公平公正用水被认为是南非水资源开发、利用、保护、管理和控制的重要指导原则。这些原则明确了这一代人和今后几代人对水资源的基本需求，以及在保护水资源及与其他国家分享部分水资源方面、通过用水促进社会经济发展方面，以及在建立适当体制机构以实现本水法目标等方面的一些需要。

在第二章和第三章中规定了国家级的水资源管理政策及地区级的水资源管

理政策。对重要的水资源区分等级并对各等级水资源建立水质标准。要求必须保持各等级水资源管理的量与质以满足人们的需求，保护水体生态系统，以确保其可持续发展与利用。第 19 条包括了防止水污染与消除污染影响的严格条款。要求土地的所有者或占有者，以自己的费用，采取合理的方式避免在土地上进行导致或可能导致污染水流的活动，从而确立了"污染者付费"或曰"谁污染，谁治理"的原则。

第四章规定了任何未取得用水权的人均可申请用水许可证，该申请必须予以公告，利害关系人可予反对。第 27 条第 1 款列举发证机构（可以是水源的属区管理处）必须予以考虑的各种因素，这些因素包括：对水的利用效率如何，是否有益于公共利益；对该水源的使用是否具有战略重要性及是否对其他用水者产生影响。发证机构对其做出的决定必须附以理由。对发证机构的决定当事人可以向具有独立地位的水法庭（Water Tribunal）起诉。第 28 条还规定，用水许可证的有效期不得超过 40 年，且每 5 年复查一次，并可根据复查结果对获得该证的条件予以修改。然而，除特别情形之外，不得实质地减少持证人对水的利用权。持证人因获得许可证条件的修改而遭受重大损失的，可获得经济补偿。

《国家水法》中一项重要的改革是在第十五章中规定设立水法庭。该特别法庭享有更为广泛的权力，它允许当事人对具体的行政决定提起诉讼。在所有权力中，最为重要的是它可以就责任机构（即有权决定当事人的申请，许可证的颁发条件及对许可证的复查的机构）做出的有关污染问题及其决定发出指令。南非《国家水法》的附加条款还包括：建立在所有重要水源地分类基础上的水源质量保护制度，对水源地适用相对严格的污染预防措施，并适用污染者负担原则。

### （四）管理机构

南非中央政府根据宪法规定的水改革法令并通过水务与森林部长的工作，全面负责上述基本原则的实施。部长被授权代表国家，在履行水资源的开发、利用、分配、保护和获取等责任方面负有主要责任。这就明确把南非政府确定为国家水资源的公共受托人，并要求水务与森林部长负责确保用于公共利益的水资源的公平分配和有益利用，从而促进环境价值的实现。

**1. 水资源集中管理公司**

这些机构已在国家水利战略部门确定的水资源管理区域内逐步建立。虽然某些水资源管理职能可以分配或下放给其他相关机构，但所有水资源集中管理公司自成立起都必须履行包括：在与水资源相关的活动和水资源管理机构之间发挥中介和协调作用、制定和实施集水管理战略、鼓励公众参与水资源事项在内的多项基础职能。

**2. 集水管理委员会**

《国家水法》明确规定，集水管理机构设立委员会，在特定区域内履行其任何职能或向其提供咨询意见。它还要求将权力下放给各委员会。集水管理委员会提供了集水管理机构扩大其管理和技术能力的重要手段。

**3. 水资源用户协会**

水资源用户协会（WUA）是水务与森林部长根据《国家水法》设立的法定机构。实际上，水资源用户协会是以互利为基础、积极开展与水有关的活动为目的而组建的合作协会。

WUA 的广泛作用是使南非各个社区的人们能够集中其资源（包括资金、人力和专业知识等），更有效地开展与水资源有关的活动。此外，这一协会提供了一种高效的机制，使水务与森林部能够直接将《水资源管理战略》各方面的执行工作移交给地方一级，从而节约行政资源。

## 第二节 农业生态环境保护的主要做法

### 一、恢复草原生态的主要做法[①]

#### （一）发展人工种草，实行围栏轮牧休牧，使草地可持续化利用

南非大部分地区干旱缺水，成为发展草地畜牧业的最大制约因素。畜牧业主要靠种植牧草和饲料作物来解决牲畜的饲料来源。因此，家庭牧场都十分重视利用雨季开展人工种草，尤其是在东部和沿海畜牧业比较集中地区的奶牛场和肉牛育肥场，几乎全靠人工种草发展畜牧业。人工种草，既发展了畜牧业又恢复了草地植被。与此同时，牧场主十分重视合理利用天然草地和人工草地，大力推广草地围栏技术，实行划区轮牧。在当地的春季，牧场主利用雨水和光热条件相对较好的季节，实行休牧，让草地有休养之机，使草地得到可持续利用。

---

① 引自《南非草原生态恢复与"三化"草地治理培训团报告》，2004 年。

## （二）矿产企业以种草为主要途径，恢复矿渣生态植被

南非是矿产大国，如果管理不当，乱采滥挖会给环境造成极大破坏，矿业公司十分注重生态环境、劳工健康、人身安全三方面工作，把恢复矿山生态植被作为己任，实行一边开采一边进行植被恢复。根据矿渣上层回填土层的高度，种植不同的植物恢复矿山植被。回填土层高度在 60 厘米以上种植经济价值较高的农作物，30～60 厘米种植一般农作物，低于 30 厘米就种植牧草。矿产企业几乎都用种植牧草来恢复植被。

## （三）提高牲畜质量，实现草畜平衡

为实行草畜平衡，南非把减少牲畜数量、提高牲畜质量，既作为提高畜牧业经济效益的关键措施，又作为保护好草原的重要手段。除北部地区因温度高、降水少，主要饲养当地的山羊品种外，其余地区都饲养良种畜和杂交种。全国基本形成了国家的、民间的良种精液中心到生产场的良种繁育推广网络体系，牧场主通过限制牲畜数量、提高牲畜质量的措施来提高畜牧业经济效益。并根据草地的生产能力来确定牲畜的饲养量，实行草畜平衡，既能避免破坏草原，有效保护草原，又能实现长久的经济效益，推进畜牧业的可持续发展。

## （四）灭治草原蝗虫，保护草原生态

南非蝗虫对草原的破坏十分严重，在蝗虫危害区域每平方千米有蝗虫 4 000 万～8 000 万只，全国蝗虫每天要损害 6 000 吨牧草。南非政府对治理草原蝗虫十分重视，建立了蝗虫预警制度，要求发现蝗虫必须立即上报，每年政府投资 3 000 万～5 000 万兰特专项用于灭治草原蝗虫。灭治方法主要是在草原专家的指导下，一般在蝗虫的产卵季节农牧民喷撒化学药剂灭治，取得了很好的效果。

## （五）注重科研在生态环境保护中的应用

南非设立了国家农牧科学研究院，主要从事农牧高新技术研究；地方设立了农牧科研所或站，主要研究农牧场的实用技术；大专院校也设立了专门从事农牧科学研究的机构和实验基地。农牧科研单位的人员工资由政府提供，但科研经费由公司或农场主提供，公司或农牧场主根据生产、经营中存在的关键性

技术难题，与有关科研所和大专院校签订协议，出资进行研究，其科研成果直接应用于出资者，迅速转化为生产力。如 ANGIO 矿业公司的矿山植被恢复，就是该公司出资由比勒陀利亚大学进行试验研究，在矿渣上种植牧草和农作物均获得成功，并在全国进行大面积推广。

### （六）开展培训教育、提高农民环保意识

世界自然基金会与西开普省、夸祖鲁-纳塔尔省、姆普马兰加省、林波波省和南开普省的农民进行接触，帮助他们改善土地利用规划、采用更好的生产和责任制的耕作方式。这些措施包括制定最佳实践准则和标准，并帮助有关部门了解可持续农业的必要条件和必需手段。同时促进对小农户和私人农场的农业生态学教学，从而扩大规模，并与互动式保障体系（PGS）和推广服务挂钩。专业性的农业解决方案应用程序是由合作组织共同开发，以提供给农民参与可持续耕作实践的智能工具之一。通过这些方式，世界自然基金会能够帮助受培训的农民获取高价值农产品贸易链的市场准入条件。

## 二、海洋渔业资源保护的主要做法

南非海域是世界主要渔场之一，已成为南半球 5 个主要渔业国之一，海洋渔业在其农业乃至整个国民经济中占有不可或缺的重要地位。

### （一）开发利用海洋渔业资源的主要做法

南非在发展海洋渔业的进程中，重视海洋渔业资源的保护，长期以来坚持实行了"利用与保护并重、捕捞与养殖并举"的海洋渔业资源合理开发利用总方针，保持了海洋渔业的可持续发展。南非政府合理开发利用海洋渔业资源的主要做法：一是实行捕捞配额管理。近十余年来，南非政府采取了严格的捕捞配额管理，海洋渔业年捕获量限制在 100 万吨以内，避免了对海洋渔业资源的掠夺及过度捕捞。二是注重底层渔业和深海渔业。在海洋捕捞中，深海拖网捕捞的鳕鱼占深海拖网捕捞的 65％，而近海拖网捕捞只占全国总捕获量的 6％，保护了较为脆弱的近海洋渔业资源。三是鼓励发展多种捕捞方式。主要有围网（深海鱼类）、底部或浅表层拖网（底部鱼类和虾）、箍网和笼捕（龙虾）、手绳钓（各种绳钓鱼类）、延绳钓和金枪鱼钓、鱿鱼钓、海滩网、树桩网（鲻鱼和

其他一些沿海洄游鱼）和潜水捕捞（鲍鱼）等，均衡开发利用多种渔业资源。四是大力发展海水养殖。近几年海水养殖呈强劲的发展势头，鲍鱼、对虾、贻贝、鲻鱼和海藻等养殖产量由不足 1 000 吨发展到 4 383 吨，在有效保护海洋资源的同时，依靠发展养殖业来满足人口增长和生活水平提高对海产品不断增长的消费需求。

### （二）有效保护海洋渔业资源的措施

南非合理开发利用和有效保护海洋渔业资源取得的成功，得益于南非政府采取的一系列行之有效的措施（李嘉莉，2007）。

#### 1. 加强对海洋资源的动态调查评估

南非海岸带和海洋渔业的主要管理机构是环境事务与旅游部的海洋和沿海管理司，负责对海洋资源的研究、开发和管理，研究制定相关政策以及管理海洋资源的调查研究船队等。在总结经验的基础上，该部设立了海洋水生资源咨询论坛，对渔业资源定期开展调查与评估，按照增加透明度与公众参与的原则，根据调查评估结论就捕捞总量、资源管理、法规制定以及海洋水生资源基金的使用等提出建议。通过对海洋渔业资源的动态监测和科学评估，环境事务与旅游部每年发布各品种鱼类当年最合适的捕捞量，既考虑渔民的近期利益，又兼顾鱼类种群的休养生息和可持续发展。

#### 2. 强化对捕捞业的监督和管理

为进一步加强对海洋资源的有效管理，更好地为渔业服务，南非政府对1998 年制定的《海洋水生资源法》进行修订，并对捕捞分配制度进行了相应的改革。环境事务与旅游部于 2002 年成立了专门的捕捞配额分配机构，并于2005 年 5 月实施了海洋捕捞品种长期配额（8～15 年），取代了原有的一年期配额权，同时建立了适当的配额收费机制。改革后的新机制对各品种的捕捞船只规格、捕捞方式和捕捞区域等均做出了详细而严格的规定，同时通过监督机构加强行业监管，对从事商业或休闲渔业的捕捞和海水养殖企业、养殖户一律实行严格的许可制度。对违法者最高处以 70 万美元的罚款，并没收其捕捞和运输设施。此外，新规定还严格限制外国渔船进入南非海域捕捞。

#### 3. 加强对海岸带的管理

南非近十年来实施了海岸带综合管理，旨在提高人们生活质量，合理利用海洋资源，保护生物多样性和沿海生态环境。政府要求沿海使用者、决策者和其他有关人员妥善维护和管理海岸带及其资源。国家环境事务与旅游部下属的沿海管理委员会 2000 年 4 月颁布了《海岸带建设管理白皮书》，系统规定了海岸带建设管理的机构、法律、政策制定、行动计划、实施监测、评价修改等，对涉及海洋渔业资源保护的一系列重大问题，诸如沿海贫困人口的迁移、沿海非法建筑物的清理、自然保护区的设立、水质安全的保障、公众的教育培训、旅游观光的管理以及沿海环境保护等，提出了全面的要求并确立了完善的政策规定。

**4. 加强对海水养殖业的扶持**

南非政府认识到发展海水养殖不仅对保护海洋渔业资源具有重大作用，而且对保障国家粮食安全，消除贫困和增加农民收入等同样具有重要作用。因此，十多年来不断加强对海水养殖业的扶持。一是根据发展海水养殖业的需要，在沿海不同地区设置了海水养殖试验点，并配备相应的生态实验室，试验点的生态实验室格局合理，设施条件如场地、水质处理、水质分析、监控系统、信息采集以及饵料培养等辅助设施均比较完善。二是建立了良好的海水养殖服务体系，包括制定各养殖品种的技术规范，建设苗种繁育设施，推广成熟的海水养殖技术和科学培育的配套饲料，建立灾害防治体系等。三是定点建设自然保护区作为天然的海洋牧场，不同海洋牧场确定不同的放流品种，每年向海洋牧场投放人工繁育的苗种，以加快自然资源的增殖，其中向西海岸海洋牧场投放的鲍鱼苗成效最为显著。四是政府部门与私营部门共同开展海水养殖对环境影响的监测，例如政府有关部门与养鲍业主协会联合建立了赤潮灾害监测服务处，加强对海水养殖的环境影响监测，防止发生对养殖业可能带来毁灭性打击的赤潮等灾害（李嘉莉，2007）。五是成立环保法庭加强保护鲍鱼等水产资源。南非第一家环保法庭 2003 年 3 月 6 日在西开普省赫曼努斯市正式成立，目的是加强打击偷捕当地的鲍鱼等水产资源的违法活动，确保沿海水产资源的可持续利用。环保法庭的成立是南非政府决心打击南部沿海犯罪团伙的又一个重要举措，开展打击偷捕鲍鱼等水产资源等违法行为的活动。鲍鱼是一种珍贵的海产品，近年来，在南非沿海偷捕鲍鱼等水产资源的违法活动愈演愈烈，黑市猖獗，致使大小鲍鱼都遭殃，对此类资源的可持续利用造成了严重威胁[①]。

---

① 南非成立环保加强保护鲍鱼等水产资源 [J]. 水产养殖，2003，24（3）：46.

### 三、水资源的利用与管理

南非高度重视水资源保护工作。政府采取的措施包括强化节水知识、加装水表、改善和修缮输水管道。加强对地方政府用水监管，开展"明智园艺运动""明智生活用水运动""政府节水周"等各类公众普及活动，引导和鼓励民众科学合理用水，避免浪费饮用水。鼓励举报浪费现象并及时告知工作人员何处管道有问题。对于节水工作做得好的，给予大力表扬，对于违反节水措施的人，给予罚款或判处半年监禁。

南非为加强水资源管理，主要采取的措施包括：保护沼泽地与溪流，加强人工造林，实施流域管理；提高工农业与生活用水的效率，加强社区持续用水的能力；开发地表水源和地下水源，实现水资源的公平分配；控制水土流失，保护生态；防治水资源污染。

### 四、湿地保护主要做法

南非的湿地概念界定和分类更为具体化，湿地划分更为细致。南非把在一定领土范围内和水生系统之间来回交换的土地区域，通常靠近地表水和潜层水，生长典型的一些植被和盐生植被的区域定义为湿地。湿地具有保留营养物质、净化水质、防止盐分入侵、保护堤岸、抵御自然灾害、维持生物多样性、调节气候、自然观光和旅游休闲等多种功能。

南非是一个湿地面积相对丰富但退化严重的国家，全国拥有国际重要湿地19处，湿地总面积占整个国土面积的 7.6％，而其退化面积达到 30％～60％（国际平均退化比例 50％左右）。湿地退化和破坏减少了纯净水、可用水储藏量，增加了洪灾，降低了农业生产能力。面对这些挑战和威胁，南非通过政府主导支持、研究机构介入、民间组织引导、社区群众参与的共同作用，实施湿地保护和治理，如南非 SANBIN 生物多样性保护机构就是全国湿地研究和参与治理的重要组织之一，在湿地保护方面发挥了积极作用。

南非在 1994—1999 年相继颁布了《国家环境管理法》《国家水法》以及野生动植物保护、湿地保护等方面的重要法律文件，并在多部法律条文中就湿地保护进行了明确规定。与此同时，各级从事湿地保护的研究机构、自然基金会和民间组织成为了全国湿地保护的呼吁者、参与者、发动者甚至是执行者。南非政府充分认识到湿地保护的重要性，早在 1999—2000 年度投资 1 800 万兰特（约 232 万美元）用于对湿地的保护，并在 2001—2002 年度加大对湿地保护的力度，为此拨款 3 000 万兰特（约 387 万美元）。

不仅如此，南非政府和地方研究机构还对湿地保护的长远规划非常重视，环境事务与旅游部制定了南非湿地保护计划。该计划指出，湿地保护离不开协调和合作，政府各部门都有直接或间接涉及湿地的法规和活动，因此，必须保持良好的协调关系。同时，由环境事务与旅游部牵头，并根据《国家环境管理法》成立由有关政府和非政府部门参加的湿地公约工作组，负责履约事宜。由湿地公约工作组编写全国湿地影子清单，为公约名录挑选备用湿地，然后进行湿地调查，建立数据库，并就全国湿地政策提出草案。南非湿地保护计划还指出，湿地保护必须与环境保护和可持续发展统一考虑，必须拿出一定的资金支持研究工作，制定研究计划，特别要加强各级机构的能力建设，办好《南非湿地》杂志，出版有关湿地的图书，建立湿地数据库，包括专家网络，制订教育和宣传计划。在国际行动方面，检查国际公约（湿地公约、濒危物种贸易公约、生物多样性公约和迁徙物种公约）的执行情况，以加强南非在国际上的地位，参加由湿地国际发起的非洲湿地清查活动。

## 五、自然保护区建设和生态旅游的主要做法

南非设有 422 个大型生态环境保护区，面积总计 6.7 万多千米$^2$，无论从数量上还是占国土比例上，均为世界之最。南非的自然保护区管理模式呈现出多元化、市场化模式。在南非许多国家公园的边缘地区（相当于保护区的缓冲区），分布着一些私人保护区，这些私人保护区内的植被类型和动物种类均与国家公园一样，但属私人所有。私人保护区同样执行国家在自然保护方面的法律法规，在此基础上，开展旅游、接待参观、考察和科研活动。

南非旅游业是第三大外汇收入来源和就业部门，占国内生产总值的 3% 左右，旅游资源十分丰富，设施完善，生态旅游与民俗旅游是南非旅游业两大增长点。南非的生态旅游观念远远超过了以往只是划定保护区的工作范畴，生态旅游的政策是一个全方位的政策。南非野生动物保护区只有 38% 的收入来自于游客参观的门票，而更多的则来自于野生动物保护副产品的开发。南非生态

旅游的发展不仅提高了当地的知名度，而且带动了乡村经济发展，为人们创造了更多的就业机会。一些旅游基础设施的改善，如修路、供水和供电，引进了利益分享的机制，准许当地人获取自然资源，如草、稻草、芦苇、木柴，甚至包括鱼和肉，鼓励农村社区参与发展工作，或建立自己的旅游项目，如文化村等。有了资金，村民们可以建设学校、诊所以及安装供水设备。生态旅游为改善村民们的生活做出了突出贡献（李瑛邦，2010）。

### 六、防治沙漠化主要做法

由于人为的不合理对土地的利用，导致生态平衡被破坏，非洲大陆上的一些国家出现了类似沙漠化的环境退化过程。南非作为《联合国防治沙漠化公约》的缔约国，近年来正努力着手防治沙漠化、土地退化和减轻干旱对南非的影响，并制定了2017—2027年十年期间的新国家行动方案。由于南非约91%的地貌是旱地，因此极易产生沙漠化，而沙漠化和土地退化都与粮食安全、贫困、城市化、气候变化和生物多样性有着千丝万缕的联系，因此沙漠化是南非目前面临的最严峻的环境挑战之一，而国家行动方案将成为应对这些环境威胁的关键工具。

## 第三节　经验与启示

### 一、普及和提高公众的资源和环境保护意识，加强社会参与

南非政府对资源与环境保护高度重视并严格管理，利用一切可以利用的手段，向公众普及资源与环境保护常识，培养公众良好的资源与环境保护意识和行为习惯。如在开普敦的海岸带，随处可见有关海洋环境与资源保护的知识普及和法律法规宣传，诸如宣传栏、警示牌、劝导标语、免费发放宣传小册子等。南非开展的小学生生态学校的做法，增加生态环境教育内容，提高全民对生态保护和资源忧患意识，树立全民生态保护的新理念。同时，加强社会对环保事业的参与程度，按照南非政府主导支持—研究机构介入—民间组织带动—群众积极参与的模式，带动全社会参与。

## 二、建立健全严格的环保法治体系

以南非的矿山复垦和海洋资源保护为例，自 1981 年的煤矿行业复垦开始，历经 40 多年的摸索实践，完善了矿业部门的相关法规，并在全国实施。在各项基本法的制约下，矿山土地复垦立法工作还根据新形势、新变化不断进行更新、补充。南非为了保护海洋渔业资源，1977 年发布了海洋渔业政策白皮书，1998 年又颁布了《海洋水生资源法令》，对海洋生态系统和海洋资源的保护、有序开发和可持续利用等作出全面的法律规定。为适应保护和管理两方面的需要，南非政府十分注意对相关法律法规的修订、补充和完善，1998 年出台的《海洋水生资源法令》，就已经过修订和补充。在执法方面，南非政府的力度也很大，环境事务与旅游部、警察局和国防部门等通力合作，加强海上巡逻。

## 三、加强政府的监督和监测，建立生态补偿机制

以矿区复垦工作为例，南非从矿业权人申请矿业权前的复垦规划的反复、迭代的评估和审核，到复垦基金取得方式，都进行了严格的反复质询。同时，矿业开发过程中，政府矿业部门定期到矿山检查复垦工作进度。复垦工作结束后，政府仍旧要对矿区的恢复状况进行长期的监测，以发现潜在危险，并及时采取补救措施。

## 四、加强科技在环保工作中的作用

如对沙化草地治理的科学研究，推广沙化草地治理的实用技术，恢复沙化草地植被；采取生物、化学、物理、保护天敌等综合措施，治理草原鼠虫害；培养和造就一支高素质的环保科技队伍。

# 第十一章 CHAPTER 11
## 中国与南非的农业经贸合作 ▶▶▶

中国已连续 11 年稳居非洲第一大贸易伙伴国地位。近三年中国自非洲进口农产品贸易额年均增长 14％，已成为非洲第二大农产品进口国。2020 年 1—11 月，中国与非洲双边贸易额达 1 678 亿美元，降幅较上半年收窄 8.5 个百分点；中国自非洲进口农产品金额同比增长 4.4％，已连续 4 年保持正增长[①]。从国别看，南非、尼日利亚、安哥拉、埃及、刚果（金）是中国在非洲前五大贸易伙伴。其中，南非排在首位。中国和南非分别是亚洲和非洲最重要的经济体，又同属新兴市场，多年来，中国一直是南非第一大贸易伙伴，而南非也是中国在非洲的第一大贸易伙伴，两国经贸关系十分紧密。

## 第一节　双边经贸协议

双方签订的一系列协议为包括农产品在内的经贸关系稳步发展保驾护航。双方相继签订了《关于相互鼓励和保护投资协定》（1997 年 12 月 30 日）、《关于成立两国经济贸易联合委员会协定》（1999 年 2 月 2 日）、《贸易经济和技术合作协定》（1999 年 2 月 2 日）、《关于避免双重征税和偷漏税协议》（2000 年 4 月 25 日）和《关于促进两国贸易和经济技术合作的谅解备忘录》（2006 年 8 月 28 日）等经贸合作协议。2004 年 6 月，南非宣布承认中国的市场经济地位。2006 年 9 月，中国海关总署和南非税务总署签署了

---

[①]　新华网. 中国自非洲进口农产品金额连续 4 年正增长 ［EB/OL］. http://www.xinhuanet.com/2021-01/14/c_1126984030.htm.

《中国和南非海关互助协定》，决定合作打击走私犯罪活动，共同建立新型现代化海关信息系统，开展海关电子数据交换，加强双方海关执法力度。此外，南非农业部与中国质检总局就柑橘、苹果、玉米、冷冻牛肉、苜蓿草等农产品对华出口也签订了相关协议。2015 年 4 月 10 日，中国人民银行与南非储备银行签署了规模为 300 亿元人民币/540 亿南非兰特的双边本币互换协议，旨在便利双边贸易和投资，维护区域金融稳定。互换协议有效期三年，经双方同意可以展期。在 2015 年 12 月习近平主席对南非进行国事访问期间还 签署了《中南两国关于互免持外交、公务（官员）护照人员签证的协定》《中南两国关于共同推进丝绸之路经济带和 21 世纪海上丝绸之路建设的谅解备忘录》《中南两国关于加强海洋经济合作的协议》《中国商务部和南非国际关系与合作部关于进一步加强联合工作组机制建设的行动计划》《中南两国货物贸易统计差异研究报告》《中国商务部和南非高等教育及培训部人力资源开发合作行动计划》《中南两国关于互设文化中心的谅解备忘录》《中南两国关于公共卫生和医学科学合作谅解备忘录》《中国科技部与南非科技部关于科技园合作的谅解备忘录》《中国海关总署与南非税务署合作备忘录》《中国国资委与南非国企部谅解备忘录》《中国商务部与南非经济发展部关于反垄断合作的谅解备忘录》。2016 年 11 月 22 日，中国商务部与南非贸工部签署了关于经济特区和工业园区合作的谅解备忘录，支持南非工业化、加强双边经贸关系，进一步开展工业化和经贸合作[①]。

## 第二节　双边经贸合作

### 一、双边贸易良性互动

中国与南非自 1998 年 1 月正式建立外交关系以来，双边关系平稳发展。自 2009 年起中国连续 11 年成为南非第一大贸易伙伴、出口市场和进口来源地。2019 年中国占南非出口总额的 10.7%，其次是德国（8.3%）、美国（7%）、英国（5.2%）和日本（4.8%）。南非则连续 10 年成为中国在非洲第一大贸易伙伴，2019 年中国占南非进口总额的 18.5%，其次是德国（9.9%）、

---

① 商务部. 对外投资合作指南：南非［EB/OL］.

美国（6.5%）、印度（4.9%）和沙特阿拉伯（4.1%）①。2019年中国与南非双边贸易总额424.92亿美元，占中国与非洲贸易总额的五分之一，是2000年的21倍。其中，中国对南非出口总额165.61亿美元，是2000年的16倍；中国从南非进口259.31亿美元，是2000年的25倍。中国对南非贸易逆差不断加大，到2019年为93.70亿美元。中国从南非进口以资源性产品为主，对南非出口以机电设备、纺织品、鞋帽等制成品为主（图11-1）。

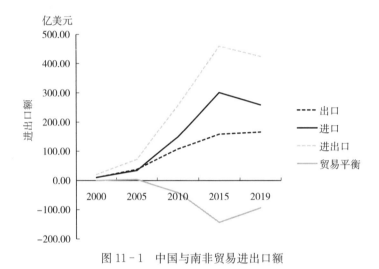

图11-1　中国与南非贸易进出口额

资料来源：Uncomtrade数据库。

## 二、中国与南非双边投资保持活跃

南非是中国在非洲最大金融类投资目的地，大多数中国企业选择将南非作为非洲区域总部，中国工商银行是南非标准银行的最大单一股东，而南非全国传媒集团是中国最大科技独角兽腾讯公司的第一大股东。2019年中国对南非直接投资流量3.39亿美元；截至2019年末，中国对南非直接投资存量61.47亿美元②，2020年1—6月为764万美元③。中国企业主要分布在南非约翰内斯堡地区和各省的工业园中，投资项目涉及纺织服装、家电、机械、食品、建材、矿产开发以及金融、贸易、运输、信息通信、农业、房地产开发等多

---

①②　商务部. 对外投资合作指南：南非［EB/OL］.

③　中华人民共和国商务部. 中国—南非经贸合作简况（2020年1—6月）［EB/OL］. http://www. mofcom. gov. cn/article/tongjiziliao/sjtj/xyfztjsj/202008/20200802994214. shtml.

个领域。南非对中国投资项目主要涉及矿业、化工、饮料等领域。目前，南非约有26家公司在中国投资，2003年1月至2019年8月期间的资本支出为880亿兰特（约58.9亿美元），主要企业有南非啤酒公司、MIH媒体集团等[①]。

### 三、中国与南非经贸往来日益密切

2019年6月，中国派出高级别经贸代表团赴南非采购，并在开普敦签署了93项经贸合作协议。10月，召开中南经贸联委会暨中南国家双边委员会经贸分委会第七次会议。11月，中国再次派出高级别经贸代表团，参加并支持南非第二届投资大会。

## 第三节 双边农产品贸易

### 一、中国是南非农产品出口新的增长点

南非农产品出口市场主要集中在非洲大陆和欧盟。由于中国不断增长的对高价值农产品的需求，近年来已成为南非农业一个关键的增长前沿，为南非提供了扩大出口的新机会。

#### （一）双边农产品贸易额不断提升

2010—2019年间，中国与南非农产品贸易出口额总体呈现不断扩大的态势，年均增长率9.24%，到2019年达到11.78亿美元。其中：中国从南非农产品贸易进口额总体也呈现不断扩大的态势，年均增长率14.56%，2019年达到7.30亿美元；出口总额增长趋势不及进口，年均增长率3.91%，2019年达到4.48亿美元。中国从南非进口的增长使得中国与南非农产品贸易逆差不断扩大，2019年呈现出了巨额贸易逆差，达到2.82亿美元（图11-2）。

#### （二）贸易结构相对稳定

中国从南非进口农产品主要包括水果和坚果、糖及糖果、酒水饮料和水产

---

① 商务部. 对外投资合作指南：南非［EB/OL］.

品。其中，水果和坚果的进口增速和数量极大，从 2010—2019 年年均增长 46.60%，达到 3.36 亿美元；其次为糖类，进口量增长趋势显著，年均增长 84.49%，达到 0.43 亿美元；饮料类年均增长 14.43%，达到 0.36 亿美元；第四位为鱼类，年均增速 9.11%，2019 年进口达到 0.33 亿美元。其他农产品变动不大（图 11 - 3）。

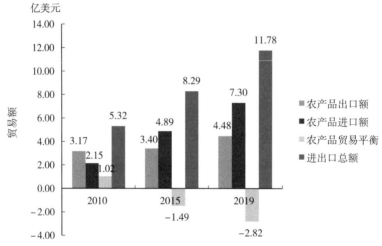

图 11 - 2　中国与南非农产品贸易额

资料来源：Uncomtrade 数据库 HS01 - HS24、HS50 - HS53 加总。

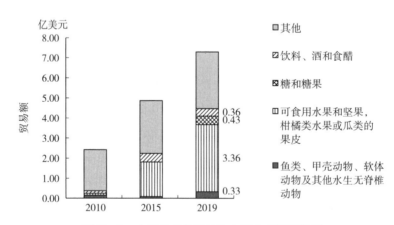

图 11 - 3　中国从南非进口的主要农产品贸易额

资料来源：根据 Uncomtrade 数据库数据计算。

中国对南非出口主要有蔬菜类、动物源性产品和鱼类。果蔬制品 2019 年金额最高，为 0.72 亿美元，从 2010—2019 年年均增长 7.26%；动物源性食品年均增长 5.90％，2019 年达到 0.70 亿美元；肉、鱼等制品的出口增长较快，年均增速 12.58％，达到 0.42 亿美元；鱼类增速最快 14.05％，2019 年出口金额达到 0.38 亿美元（图 11 - 4）。

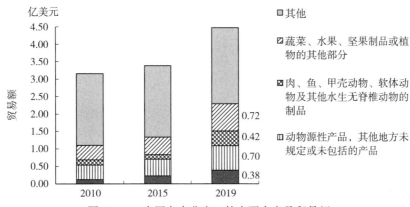

图 11 - 4　中国向南非出口的主要农产品贸易额

资料来源：根据 Uncomtrade 数据库数据计算。

## 二、南非在丰富中国农产品供给方面挖潜空间大

进口农产品来源多元化一直是中国拓展国际市场的重要战略。南非依托其特有的农产品优势，对中国羊毛、柑橘、坚果、糖、葡萄酒、牛肉、葡萄等出口量日益增加，为丰富中国农产品市场起到重要作用，未来还有很大的挖潜空间。

（一）水果异军突起

南非在全球水果出口，特别是柑橘出口方面非常成熟，南非新鲜水果的出口占所有农产品出口的 52％，水果行业的就业人数占农业总就业人数的 28％，其中柑橘是一个成功案例。从 2001—2017 年，南非在前六大柑橘出口国中所占的份额翻了一番多，从 6.6％增至 15.7％。2020 年南非柑橘出口量达到创纪录的 1.46 亿箱，2019 年和 2018 年出口量分别为 1.26 亿箱和 1.36 亿箱。南非是仅次于西班牙的全球第二大柑橘类水果出口国，当地柑橘面向 100 多个国家和地区出口，每年创造约 200 亿兰特收入和约 12 万个就业岗位。据估计，柑橘产业有望在未来三年内再增加 30 万吨出口，仅软柑橘、柠檬、瓦伦西亚橙的增长预测就表明未来三年将新增 68 亿兰特外汇收入，并创造 22 250 个就业岗位。南非柑橘产业的成功在很大程度上受益于研究、创新和技术发展，这

是由柑橘种植者协会（CGA）与政府合作推动的①。

南非是中国柑橘进口的重要来源国，2019 年来自南非的柑橘占中国柑橘总进口的数量和金额均超过 30%。从南非进口的柑橘类水果无论进口量及进口额均大幅提升。2000 年开始，进口量和进口额年均增速均超过 30%。到 2019 年，分别达到 11.516 万吨和 1.05 亿美元。从南非进口的柑橘进口量、进口额急剧增加，但是占从南非进口水果比重却日益下降，中国从南非水果进口更加多元化（图 11-5、表 11-1）。

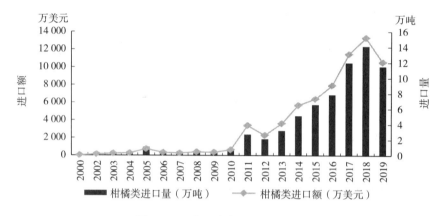

图 11-5　中国从南非进口的柑橘

资料来源：根据 Uncomtrade 数据库数据计算，柑橘指 HS080510。

表 11-1　中国从南非进口的柑橘

| 年份 | 进口量（万吨） | 进口额（万美元） | 柑橘进口额占南非的水果进口额比重（%） | 柑橘进口额占中国柑橘总进口额比重（%） | 柑橘进口量占中国柑橘总进口量比重（%） |
|---|---|---|---|---|---|
| 2000 | 0.048 | 26 | 84.79 | 1.13 | 0.98 |
| 2005 | 1.098 | 742 | 92.96 | 6.02 | 7.03 |
| 2006 | 0.483 | 328 | 94.81 | 5.84 | 6.44 |
| 2007 | 0.349 | 271 | 75.87 | 7.11 | 7.15 |
| 2008 | 0.419 | 394 | 79.96 | 20.92 | 21.81 |
| 2009 | 0.471 | 363 | 62.51 | 7.77 | 7.61 |
| 2010 | 0.645 | 641 | 59.66 | 9.06 | 9.75 |
| 2011 | 2.719 | 3 390 | 79.93 | 8.32 | 7.20 |

---

① 国际果蔬. 南非水果出口增长整体落后于拉美 柑橘出口格外火热 ［EB/OL］. https://www.sohu.com/a/360213703_617283.

（续）

| 年份 | 进口量<br>（万吨） | 进口额<br>（万美元） | 柑橘进口额占南非<br>的水果进口额比重<br>（％） | 柑橘进口额占中国<br>柑橘总进口额比重<br>（％） | 柑橘进口量占中国<br>柑橘总进口量比重<br>（％） |
|---|---|---|---|---|---|
| 2012 | 2.127 | 2 282 | 34.55 | 7.62 | 7.13 |
| 2013 | 3.210 | 3 609 | 39.33 | 8.35 | 8.06 |
| 2014 | 5.117 | 5 677 | 35.24 | 31.18 | 27.31 |
| 2015 | 6.571 | 6 404 | 36.71 | 20.69 | 22.01 |
| 2016 | 7.881 | 7 932 | 48.83 | 33.73 | 36.59 |
| 2017 | 11.991 | 11 464 | 46.87 | 52.07 | 56.66 |
| 2018 | 14.131 | 13 307 | 41.17 | 38.69 | 44.28 |
| 2019 | 11.516 | 10 560 | 31.42 | 32.73 | 35.53 |
| 年均增速（％） | 31.50 | 35.02 | — | — | — |

资料来源：根据 Uncomtrade 数据库数据计算，柑橘指 HS080510。

尽管如此，也有人认为南非并没有充分利用需求的增长，尤其是市场对浆果、牛油果等高价值水果的需求，未能实现水果出口的大幅增长。在过去的五年里，中国水果和坚果进口的复合平均增长率达到了 38％，但目前南非只能向中国出口柑橘、葡萄和苹果，可以争取更多水果准入。南非牛油果产业行业应重视拓展中国消费市场。中国牛油果进口量近年来增幅迅猛，从 2008 年的 4 吨增长到 2018 年的 43 859 吨，并在 2018 年成为全球第九大牛油果进口国，秘鲁、墨西哥、智利和新西兰等传统牛油果出口国均从中国市场获益颇多。南非在 2018 年成为世界第八大牛油果出口国，随着牛油果种植区域在南非的不断扩大，中国消费市场的商机不容错过[①]。

除此之外，南非水果行业的发展面临不少阻碍，反复发生的干旱和不稳定的降水给生产带来了巨大的风险。改善进入出口市场的机会、解决港口拥堵问题以及改善铁路和物流基础设施也是扩大中国市场需要解决的问题。

### （二）南非葡萄酒

南非葡萄酒在全球享有盛誉。近年来中国葡萄酒市场的实际容量和消费量都在不断增长，已成为全球葡萄酒行业长期增长的强大驱动力。随着中国居民生活水平的不断提高，中国葡萄酒行业还有巨大发展潜力。南非持续看好中国葡萄酒

---

① 驻南非使馆经商处. 南非农业商会表示南非牛油果产业应进一步拓展中国市场［EB/OL］. http：//za. mofcom. gov. cn/article/jmxw/201904/20190402859279. shtml.

市场。南非葡萄酒对中国的出口跃升了50%。中资入股的南非标准银行（Standard Bank）已开始利用中国电商平台连接当地酒商和中国客户，以提振出口①。

南非出口到中国的葡萄酒无论从数量还是金额年均增速35%左右，2019年进口额和进口量分别为0.23亿美元和0.07亿升。尽管如此大的数量增长，依然只占中国葡萄酒进口份额的1%左右，未来还有很大拓展空间（表11-2、图11-6）。

表11-2　中国从南非进口的葡萄酒

| 年份 | 进口额（美元） | 进口量（升） | 进口额占中国葡萄酒总进口额比重（%） | 进口量占中国葡萄酒总进口量比重（%） |
|---|---|---|---|---|
| 2000 | 44 762 | 18 123 | 0.16 | 0.05 |
| 2005 | 645 797 | 233 990 | 0.86 | 0.44 |
| 2010 | 10 071 045 | 4 077 199 | 1.26 | 1.43 |
| 2011 | 21 252 227 | 5 717 245 | 1.48 | 1.57 |
| 2012 | 22 518 274 | 5 079 751 | 1.42 | 1.30 |
| 2013 | 24 362 743 | 6 627 620 | 1.57 | 1.77 |
| 2014 | 23 623 649 | 7 012 541 | 1.56 | 1.83 |
| 2015 | 40 541 634 | 11 759 566 | 1.99 | 2.12 |
| 2016 | 38 361 141 | 15 909 676 | 1.62 | 2.49 |
| 2017 | 29 538 440 | 16 192 173 | 1.06 | 2.17 |
| 2018 | 35 587 784 | 13 595 270 | 1.25 | 1.99 |
| 2019 | 22 595 231 | 6 906 287 | 0.92 | 1.13 |
| 年均增速（%） | 36.51 | 34.60 | — | — |

资料来源：根据Uncomtrade数据库数据计算，葡萄酒指HS2204。

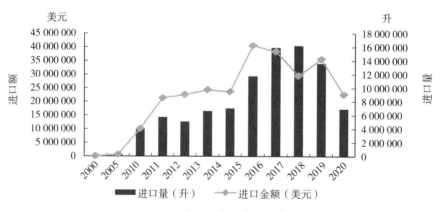

图11-6　中国从南非进口的葡萄酒

资料来源：根据Uncomtrade数据库数据计算，葡萄酒指HS2204。

① 观察者网. 澳葡萄酒痛失中国市场，南非葡萄酒业却迎来"生命线"［EB/OL］. https://www.so-hu.com/a/450380940_115479.

### （三）南非是非洲地区首个实现对中国牛肉出口贸易的国家

南非是非洲地区首个实现对中国牛肉出口贸易的国家，南非农林渔业部已于 2017 年 3 月和中国签署了《南非冷冻牛肉输华议定书》和《中南出入境动物检疫合作谅解备忘录》等文件。2017 年 9 月，首批试单南非牛肉抵达中国大陆；2018 年，南非牛肉输华发力，中国跃居南非牛肉最大出口目的地，且南非成为中国第七大牛肉进口来源国。2019 年 1 月，南非牛肉输华继续保持高位，在中国大陆进口来源中升至第 6 位。2019 年 2 月 26 日，南非牛肉因口蹄疫疫情被暂停输华[①]。

来自南非的牛肉进口额和数量激增，从 2002 年开始，年均增速分别达到 79.65％ 和 62.34％。2019 年从南非进口牛肉 5 516 吨，进口金额 0.21 亿美元。不过，占中国进口牛肉的比重依然较小，还不到 1％，未来有很大合作空间（表 11－3）。

表 11－3  中国从南非进口的牛肉

| 年份 | 进口额（美元） | 进口量（千克） | 牛肉进口额占中国进口牛肉额比重（％） | 牛肉进口量占中国进口牛肉量比重（％） |
|---|---|---|---|---|
| 2002 | 577 | 900 | 0.005 | 0.01 |
| 2017 | 4 307 003 | 967 302 | 0.14 | 0.14 |
| 2018 | 26 989 627 | 6 639 029 | 0.58 | 0.65 |
| 2019 | 21 927 889 | 5 516 654 | 0.28 | 0.34 |
| 年均增速（％） | 79.65 | 62.34 | — | — |

资料来源：根据 Uncomtrade 数据库数据计算，牛肉指 HS202。

### （四）南非大麦有拓展中国市场的需求

由于种植面积增加，以及在西开普省有利的降雨后预期产量更高，2020/2021 年南非大麦产量预计比上一季增加 46％。过去五年，南非大麦的主要出口市场是非洲大陆的乌干达、纳米比亚、赞比亚、博茨瓦纳、莱索托和多哥。南非必须为其在传统市场之外的盈余寻找出口机会，中国等全球市场上的主要大麦进口国将是其目标地区[②]。

---

① 南非牛肉暂时退出中国市场［EB/OL］. https://www.sohu.com/a/297933744_100293994.

② 中国-南非经贸合作网. 南非寻找新市场出口大麦［EB/OL］. http://www.csc.mofcom.gov.cn/article/tradeaccess/202009/420672.html.

# 第四节　双边农业合作前景

## 一、双边农业技术合作

### （一）援助建立南非农业技术示范中心

南非自由邦省是农业大省，其渔业占有重要地位。中国农业发展集团国际农业合作开发有限公司建设和援助南非农业技术示范中心于 2009 年 10 月 27 日在自由邦省奠基，主要从事淡水养殖品种研究，通过淡水养殖实验，对技术进行示范推广、人员培训，推动了养殖技术的推广与普及。该项目作为中国政府在农业领域援助南非的首个项目，受到南非农业部冠以"重大关键成就"的肯定，为"中国品牌"树立起良好的口碑[①]。

### （二）种质资源合作研究

中国和南非都是农业种质资源丰富的国家。2006 年河北省农林科学院与南非福特海尔大学共同开展国际合作项目"中南农业种质资源的交换、发掘与创新的合作研究"。南非是国际育苗者协会的总经理会员国，拥有当今世界上大部分优异的果树种质资源，包括南半球短低温的果树品种。从南非引进果树种质资源，一方面可以筛选出优异资源直接开发利用，另一方面为中国果树品种选育、温室错季栽培等方面的发展提供了原始材料。近年来，陆续引进了南非的无核大粒葡萄 SugTa 34 等一系列新品种；引进了 Topfruit 公司苹果矮化密植栽培技术、苹果大苗繁育技术等。引进、筛选、利用南非丰富的优质蛋白玉米种质资源，也是农业生产和种子产业基本目标[②]。

### （三）生物质能源合作研发

南非金山大学在非洲大学中首屈一指，其材料与工艺合成中心在工艺合成、反应器设计和精馏设计优化方面享有国际盛誉。金山大学也拥有适合小规模装置的接近成熟的新一代合成油工业化技术和工业化经验，曾经在中国宝鸡和澳大利亚昆士兰建立了以煤气化为原料的试验厂，两个工业项目均在 2008

---

①② 温之雨，等. 南非农业发展及科技合作模式探讨［J］. 农业技术与装备，2020（6）：65 - 68.

年试车成功并运行良好。南非金山大学根据自身开放的工艺，结合生物质原料的实际特点进行具体的工艺开发和主要装备设计。2006 年河北省农林科学院与南非金山大学签署了合作意向书，开展了生物质能源合作研究，使更多的南非专家、学者与中国同行交流，建立更深层次的合作[1]。

## 二、重点拓展领域

### （一）渔业领域

南非海洋渔业资源丰富，海洋捕捞业发达，渔业保护经验独到；中国水产养殖历史悠久，海洋经济发展迅速。随着中非合作论坛机制的进一步深化以及中国与南非全面战略合作伙伴关系的建立，中国与南非海洋渔业合作基础不断夯实。中国与南非海洋渔业合作有着天然的资源基础、坚实的政治基础和互补的渔业技术基础[2]。两国签署了《中华人民共和国农业部与南非共和国农林渔业部 2014—2016 年农业合作行动计划》。行动计划明确了两部未来2～3 年开展农业合作的方向、形式及主要内容等，其中包括互派交流团组、开展人力资源培训，以及农业领域学历教育等方面合作内容。该行动计划为两部在农业合作联合工作组机制下签署的第四期农业合作行动计划，前三期执行情况均良好，取得了很好的成效。

### （二）林业领域

南非森林资源原本并不丰富，但其对木材的需求推动了其森林工业的科学技术水平提高。因此，南非的人工林造林研究在世界上有一定的地位。以往两国曾在造林、森林调查、森林防火、能力建设、森林认证和人员培训等方面互派了考察团和学员，建立了较好的林业领域合作基础。

---

① 温之雨，等. 南非农业发展及科技合作模式探讨 ［J］. 农业技术与装备，2020 (6)：65 - 68.
② 刘曙光，刘曰峰. 中国与南非海洋渔业合作问题研究 ［J］. 世界农业，2021 (7)：17 - 20.

# 中国与南非农业合作典型案例 ▶▶▶

中国—南非农业技术示范中心是新时期中国与南非农业合作的重要载体，承担着农业技术示范、技术传递、互利共赢、人文交流等诸多功能。福建农林大学南非菌草技术推广项目被誉为"中南合作典范"。本章以中国—南非农业技术示范中心项目和福建农林大学南非菌草技术推广项目为例，阐释中国与南非农业合作模式及其启示。

## 第一节　中国—南非农业技术示范中心项目①

2006 年第三届中非合作论坛上，中国政府宣布在非洲援建农业技术示范中心。农业技术示范中心的运作分为立项、建设、技术合作和商业运营等几个阶段。首先是由商务部和农业部专家对拟援建的国家进行考察和立项，拟定援建的示范中心的农业技术重点领域，按照"有意愿、有实力、有能力"的原则对相关项目实施单位进行资格选择，确定项目实施单位。然后由中国政府出资 4 000 万元人民币用于项目的建设和运行，示范中心建成后要移交给受援国政府，然后进入运营期。运营期分为两个阶段，第一个阶段是 3 年的技术合作期，其间的建设和运营费用由中国政府无偿援助。第二个阶段是自主运营合作期，中国政府不再提供援助资金，农业技术示范中心自主经营、自负盈亏。

援建单位主体形式多样，有国有企业、民营企业、科研院校、农垦集团，

---

① 本节主要根据《中国—南非农业技术示范中心项目工作总结（2016）》相关内容整理。感谢中国农垦集团公司总经理姚黎英女士提供这一参考资料。

还有企业与科研院所的联合等。在技术援助形式上，示范中心主要有建设基础设施、建设试验田或者养殖基地，以及提供技术服务等。不同国家的示范中心仍然考虑了不同国家的农业发展特点，在中心建设上各有侧重，如在乌干达、南非的示范中心以水产养殖为主，利比里亚、喀麦隆、卢旺达、坦桑尼亚等国的示范中心以水稻为主，苏丹以玉米和小麦为主①。

中国—南非农业技术示范中心是 2006 年中非合作论坛北京峰会上中国政府提出的援助非洲 14 个农业技术示范中心项目之一，是中国政府在农业领域援助南非的第一个项目。

## 一、项目基本概况

### （一）建设阶段

项目分两个阶段，土建施工阶段和技术合作阶段。

#### 1. 土建施工阶段

中国政府出资 3 000 万元人民币（约合 480 万美元）用于工程建设，包括中心大楼（1 073 米²）、专家公寓楼（299.9 米²）、育苗车间（1 007.6 米²）、贮藏室（102 米²）和锅炉房（99 米²），改造及拓宽排水渠（520 米），太阳能路灯照明系统建设（35 杆）等，总建筑面积 2 581.6 米²。项目于 2009 年 10 月底开工，2011 年 1 月通过了中国政府组织的竣工验收。

随后南非政府划拨配套资金，完成了电气安装改造、室外道路及配套工程建设、相关设备设施许可申请等工作，2013 年初，通过了南非政府组织的项目终验，两国政府签署对外移交证书。

#### 2. 技术合作阶段

自 2014 年 2 月进入技术合作阶段，技术合作阶段分两期，每期技术合作时间三年，第一期由中国政府出资，第二期由南非政府出资。

第一期技术合作。第一期技术合作由中国政府出资 2 300 万元人民币用于一期技术合作的运营管理和必要的设备及仪器购置，并派出一支管理和技术专家队伍，与南非方合作管理，形成一个包括办公培训区、苗种繁育区、养殖示范区、饲料加工区，可同时容纳 2 000 万尾罗非鱼、非洲鲇鱼及其他淡水苗种

---

① 高贵现. 中非农业技术示范中心的功能定位及可持续发展的建议［J］. 世界农业，2016（7）：200-204.

的养殖和繁育规模，集研究、示范、推广、培训于一体的现代化渔业技术示范中心。

中心将根据南非淡水渔业养殖的现有水平和发展需要，立足教学培训、实验研究、示范推广三大基本功能，并兼顾南非土著鱼类资源保护和观赏鱼养殖技术的研究与推广，与南非有关各方一起努力，力争将中心发展成为南非乃至南部非洲的淡水养殖培训与研究基地；扶持和带动周边小农户，逐步形成以示范中心为技术核心的具有一定区域面积的淡水鱼养殖基地，同时面向南非全境培育消费市场，实现项目良性的可持续发展。即：

——筛选适合当地条件的优良淡水养殖品种，加以实验研究；

——传授优良淡水品种的培育、管理技术；

——开展淡水养殖技术示范推广和人员培训；

——扶持新兴农户，提供技术指导及其他配套服务；

——履行社会责任，面向普通民众和中小学生普及淡水知识；

——培育带动南非淡水鱼消费市场，实现项目良性的可持续发展。

通过向南非民众传播中国先进的渔业技术和生产理念，促进南非淡水养殖业自主发展能力，拉动经济发展，增加民众就业机会，提高民众收入水平，改善南非普通民众的膳食和营养结构。

第二期技术合作。第一个技术合作期结束后，中国将根据南非需求可继续派出技术专家和管理人才，运营管理费用列入南非政府财政预算。

6年技术合作期之后，将重新评价和决定是否需要继续及如何合作。

### (二) 项目指导委员会

早在土建施工阶段，经中国与南非双方协商一致，由中方项目组与南非农业部有关部门共同成立项目指导委员会（Project Steering Committee）和项目管理委员会（Project Management Committee）。其中项目指导委员会成员主要包括南非国家农业部、自由邦省农业厅相关负责人及中方项目组负责人，其主要职责为：审核项目管理委员会提交的项目实施方案、经费预算、投资计划，组织项目实施，组织阶段验收和总结，评估和决定项目的未来发展。项目管理委员会是直接负责项目运营的管理机构，设主任1名，副主任1名。主任由中方委派，负责示范中心技术合作期间的全面工作；副主任由南非农业部委派，主要负责与南非方面的联系及有关工作的落实。这两个机构在土建施工阶段确保建设任务圆满完成起到了关键作用。

项目进入技术合作期以来，项目指导委员会被沿袭下来，并依据实际技术和管理工作的开展，指导委员会的职能得以进一步丰富和外延。项目指导委员会的职能更多地体现在为技术合作的开展提供全方位的指导和修正，同时，根据项目运行方案规定的基本功能及技术细节，项目指导委员会下设了培训委员会、实验研究委员会、鱼病防治委员会、设备设施委员会和技术委员会等，这些下属委员会在每月的项目指导委员会上汇报各自板块工作的进展，以及实际问题的解决进度，进一步细化和量化了工作开展内容，对项目指导委员会职能的发挥起到了有效的提升作用，使之更加专业和规范。

根据项目指导委员会《职权范围章程》，项目指导委员的委员包括中方项目组代表、南非农业部水产技术服务处代表、南非农业部对外关系处代表、自由邦省农业厅代表、哈瑞普区代表、区市长办公室代表以及其他临时性的代表等。在中方人员参与的过程中，如何通过会议及时将中方关切表达出来并得到有效回应是参加会议的主要着力点。历经长达 4 年的参会经验，项目组中方人员能够就项目的管理提出合理建议，并获得与会人员的认可，在处理与项目息息相关的事务时能够做到游刃有余，推动了项目管理工作和技术工作的不断进展。

## 二、项目实施情况

进入技术合作阶段后，中国—南非农业技术示范中心紧紧围绕教学培训、技术示范推广和实验研究三个基本功能开展技术合作运营，在促进当地水产养殖的发展方面取得了预期效果，部分水产养殖技术被南非农业部和自由邦省农业厅以"重大关键成就"予以认可，并将逐步向更多淡水渔业养殖农户进行推广。

### （一）教学培训

教学培训位于三大基本功能之首。根据中国先进淡水鱼养殖技术的发展经验和南非当地水产养殖的实际情况，中心专家技术团队经过不断摸索和实践，创立了一套理论与实际相结合的培训体系，并分别为南非当地水产技术官员和养殖农户量身定制培训方案，同时建立培训考核制度与后续跟踪反馈制度，不断完善培训体系建设，切实将培训工作落到实处。

为实现技术工作的顺利移交，南非农业部水产渔业司和自由邦省农业厅于

2016 年初向中心派驻 6 名水产技术人员，协助中方技术团队开展各项工作，逐步实现南非水产技术人员接管中心的技术运营。

2014—2016 年来，中心开设南非省部级水产技术官员和农户培训班共计 32 期，累计培训 818 人；协助中国驻南非大使馆经商处组织并派遣赴华培训和参加水产技术研讨会的南非省部级官员达 30 余名；开设淡水渔业水产知识普及班和中心开放日活动，累计吸引中小学生 500 余人前来参观；接纳南非农业部、自由邦省农业厅、自由邦省 Glen 农学院等单位派驻中心实习技术人员和实习生达 50 余人次。

（二）技术示范和推广

中心建立了各技术示范板块，包括鱼种繁育技术的示范、室内和池塘养殖技术的示范、固定和浮式网箱技术的示范和鱼菜共养技术的示范，展示中国先进的淡水鱼养殖技术。

2014—2016 年来，中心累计繁育各鱼种鱼苗 150 万余尾，顺利实现了在冬季进行非洲鲇鱼的人工和半人工繁育，打破了中心向农户供应鱼苗的时节性，充分证明中国技术在项目所在地的可行性。

技术推广方面，中心扶持周边自由邦省农业厅支持发展的 6 个养殖技术示范点，还通过"科技入户"的形式给予农户现场技术支持，并依托约翰内斯堡示范展示点、自由邦省投资贸易桥、Bloemshow、农业部春耕典礼等时机开展淡水鱼养殖成果展示和技术推广。

（三）实验研究

2014—2016 年来，中心技术专家团队分别围绕遗传选育、饲料营养和鱼病防控三个方面开展相关实验研究，研究项目达数十个，取得的研究成果颇丰。其中，在国家级水产刊物上发表论文 1 篇，各项实验成果报告被中国和南非的知名网站以及杂志予以转载；中心还与南非农业部水产研究处、自由邦省大学动物昆虫系、南非农业研究委员会、自由邦省农业厅农业研究处、南非十所农学院研究联盟等机构建立了良好的交流机制，定期举办各类实验研究研讨会，有力地推动了南非本地淡水鱼种实验研究的发展。此外，中心专家团队进行的稻田综合养鱼和鱼菜共养实验研究成果获得了自由邦省农业厅的一致认可，被列为重点农业技术向本省农户推广。

### 三、合作效果

南非渔业示范中心的成功，对传播中国先进农业技术、增进中国与非洲国家的友谊、提升中国对外合作形象发挥了重要作用。

#### （一）为当地经济发展做出突出贡献

到 2016 年，中心累计为南非农业政府部门创造永久工作岗位 20 余个，雇佣当地临时工人累计达 500 余人次，获得了当地社区居委会的高度评价；周边 6 个示范点更是直接受惠于中心的技术扶持，通过技术改良突破养殖瓶颈，提高了水产养殖效率；中心附属设施——饲料加工车间和成鱼加工车间的建设将进一步促进和完善中心水产养殖价值链的建设，更多工作机会将被创造出来，结合自由邦省农业园区建设规划，将来中心的技术示范效应将获得进一步释放，更多农户将受益于水产养殖业带来的实惠。

#### （二）促进两国农业交流

农业技术示范中心这一有利平台极大地促进了中国与南非两国农业技术交流，南非多位省部级高官受邀到中国开展农业方面的洽谈，中国省部级农业政府部门和农业类企业也受邀前往南非，推动和促进了两国农业业务的对接；作为国家援助体系的一环，示范中心的良好运营还促进了两国之间的友好交流，维护了国家形象，为服务中国与南非两国外交关系做出应有的贡献。

## 第二节　福建农林大学南非菌草技术推广项目[①]

2004 年 9 月，夸祖鲁-纳塔尔省农业和环境厅与福建农林大学签署了菌草技术合作协议。该项目于 2005 年 2 月正式启动。迄今为止，南非政府已投资近 1 亿兰特（合 1 300 万美元）建立了 1 个研究培训中心、3 个菇农合作社旗舰点和 40 个菌草培育示范点。该项目是夸祖鲁-纳塔尔省最重要的农村发展项目之一，也是南非农业部最大的投资项目之一。它与确保农村地区的粮食安

---

[①]　本节资料由福建农林大学国家菌草中心林冬梅教授提供。

全、增加农民收入和创造就业机会息息相关。

# 一、项目基本情况

2004 年 9 月，夸祖鲁-纳塔尔省农业和环境厅与福建农林大学签署了《菌草技术和旱稻技术合作协议书》。

2005 年 3 月 30 日，举行菌草技术和旱稻项目基地开工仪式。

2008 年，南非夸祖鲁-纳塔尔省开始投资 800 万美元建设菌草基地，于 2009 年 11 月 19 日建成，是当时非洲规模最大的菌草基地，该基地具有科学研究、示范推广、技术培训、良种供应、产业扶贫五大功能。

菌草技术研究与培训中心占地 1 公顷，建筑面积约 5 000 米$^2$，投资 6 000 万兰特。2008 年开始建设，2010 年 8 月落成并正式启动。

# 二、项目推广模式

## （一）"四结合"和"五化"措施

为有效进行示范和推广，项目采取"四结合"和"五化"措施，在前期推广基础上，摸索出"基地＋旗舰点＋农户"推广模式，与当地农业部门的推广体系相结合，形成较为完整的菌草技术推广体系。

"四结合"即与当地自然条件相结合、与当地政府相结合、与当地群众相结合、与当地需求相结合。"五化"，即（技术）本土化、（操作）简便化、（生产）标准化、（产业）系统化、（农户）组织化。中国专家组制定各项操作技术尽量简便化，使农民"一看就懂、一学就会、一做就成"。

## （二）以保障农户利益和能力建设为核心导向

项目实施的核心导向是成功进行技术转移和提升当地生产能力，有效地保障农户利益和增强农户自身发展能力。坚持"农户导向"原则，以确保农户特别是妇女、失业人员等弱势群体成为产业发展的最大受益者。

### 1. "示范基地＋合作社/农户"模式

"示范基地＋合作社/农户"的推广模式资金投入较少、推广速度较慢，主要是通过政府提供简易基地服务于合作社和农户，目的是让农户能够做到简单易学。每户菇农只要利用 10 米² 土地就可以周年栽培菇类，年产达 1.2 吨鲜菇，年收入达 3 000～4 000 美元，为当地农户人均收入两倍以上。

示范基地是展示菌草技术的第一线，基地具有生产、示范、培训等功能，包括制菌袋、栽培菌草菇、菌草种植和科学实验等。把菌草技术难度较大的制菌袋环节放在基地，由专家指导进行培养装袋，之后卖给农民。农民只需完成菌草技术难度较低的出菇环节，从而降低了农民的经营风险。农民专业合作社发挥了其了解市场、开拓市场的优势，促进农户的专业化分工分业，较好地实现了小生产与大市场的顺利对接。组织社员根据市场需求生产食用菌，避免了生产经营的盲目性和随意性。在生产过程中统一组织生产资料购买和新技术实施，降低了生产成本。在销售过程中统一组织产品销售，不仅使得菇农增强了谈判地位，而且销售环节中发生的各项费用也降低了。合作社利用公平、公开、公正的利益分配机制，将组织内部加工和流通环节所获得的利润返还给成员，使菇农的经济收入得到了保障。

**2. "政府＋企业＋农户"模式**

"政府＋企业＋农户"模式的特点是资金投入较多，但同时辐射面广、推广速度快，由示范中心组织农户进行规模化生产、企业化运营，从而开展产业化扶贫，以实现可持续发展。该模式的主要运作方式为政府主导、企业化运作，组织、帮助小农户从自给自足的生产方式成长为农业商户，促进贫困农村地区的经济发展。

只要在农村地区选择合适地点，种植菌草进行收割加工，将收获的菌草运往原料供应小组或合作社统一加工；建立菌袋生产基地，由示范中心统一提供菌种；同时组织农户集中搭盖菌菇棚，在中心技术员的统一指导下，销售小组统一指导农户独立操作出菇、采菇和粗加工等流程。每一个示范中心就是一个迷你产业模式，从原材料到产品加工、销售再到废弃菌菇循环利用，形成完整的产业链。

通过这一模式，既可以让极为贫困且缺少土地和技能的家庭有组织地进行规模化生产，参与产业发展，又避免了推广过程中常出现的投入资金巨大却收效甚微的局面，短期见效，确保项目、产业可持续发展。"政府＋企业＋农户"模式体现了技术本土化、推广方式本土化，最大限度地降低了农户面对的风险，对项目实施的社区能够起到很大的推进作用，并且示范效果显著，是非常可靠的可持续发展模式。

## 三、项目推广成效

项目实施以来，当地蘑菇种植从无到有、由少到多，走上了千家万户的餐桌，丰富了当地人的营养来源。至今，南非菌草技术研究与培训中心仍正常运营，为农村地区失业人员提供了450余个固定工作岗位，辐射多个社区，受益人达数万余人，成为夸祖鲁-纳塔尔省重要的农村发展项目，为保证农村地区的粮食安全、提高农民收入、创造就业做出贡献，特别是在解决妇女就业和消除贫困方面具有重要意义。

# 参考文献

## *References*

曹新明，2003. 南非农业科技发展概要［J］. 农业科研经济管理（2）：24 - 26.

常伟，2010. 南非农地改革前景展望［J］. 世界农业（9）：32 - 35.

程夏蕾，施瑾，2013. 南非水电开发和水资源利用情况［J］. 小水电（3）：4 - 5.

邓蓉，许尚忠，2019. 南非肉牛考察报告（一）［J］. 饲料与畜牧（12）：23 - 27.

福建省马来西亚南非考察团，2019. 赴马来西亚、南非交流合作出访报告［J］. 福建林业（6）：
　　19 - 23.

高贵现，2016. 中非农业技术示范中心的功能定位及可持续发展的建议［J］. 世界农业（7）：
　　200 - 204.

高焕喜，2004. 埃及、南非农业考察报告［J］. 山东省农业管理干部学院学报（2）：44 - 45.

何蕾，辛岭，胡志全，2019. 减贫：南非农业使命——来自中国的经验借鉴［J］. 世界农业，
　　（12）：62 - 70.

蒋和平，詹玲，秦路，2015. 援非农业项目亟待解决五大问题［J］. 判断与思考（4）.

焦高俊，2009. 扫描南非农业和农机市场［J］. 农机市场（8）：33 - 34.

李才旺，2002. 南非共和国草地畜牧业考察报告［J］. 四川草原（1）：60 - 63.

李嘉莉，2007. 南非海洋渔业资源保护及其借鉴意义［J］. 中国水产（9）：20 - 21.

李瑛邦，2010. 南非的生态保护成效对青海三江源地区的启示［J］. 防护林科技（6）：83 - 86.

联合国粮农组织（FAO）数据库 2000—2019［DB］.

联合国商品贸易统计数据库 2000—2019［DB］.

林冬梅，2021. 南非菌草技术推广情况调研报告［R］.

美国农业部（USDA）数据库 2000—2019［DB］.

孟宪淦，2004. 南非、埃及可再生能源考察小记［J］. 太阳能（1）：44.

南非草原生态恢复与"三化"草地治理培训团，2004. 南非草原生态恢复与"三化"草地治理
　　考察报告［J］. 四川畜牧兽医（7）：58 - 59.

南非合作社发展战略（2004—2014）［EB/OL］. http：//www. pmg. org. za/docs/2004/appendi-
　　ces/040604draft. htm.

南非贸易工业部，合作社发展与促进综合战略（2012—2022）［EB/OL］. http：//www.

dti. gov. za/DownloadFileAction？id＝788.

南非农林渔业部，2012. 南非全国农业合作社会议报告［EB/OL］. http：//www. daff. gov. za.

南非农林渔业部，2019. 南非全国农业合作社会议报告［EB/OL］. http：//www. daff. gov. za.

南非农业合作社成立指南 2010［EB/OL］. http：//www. daff. gov. za.

钱贺，2014. 南非新能源发展之路［J］. 风能（5）：40－45.

秦涛，2009. 南非农业领域研发政策最新动向研究［J］. 全球科技经济瞭望（6）：5－8.

日本、南非农业保险的基本做法和启示［EB/OL］. http：//www. circ. gov. cn/web/site0/tab5267/info31396. htm.

宋莉莉，马晓春 . 2010. 南非农业支持政策及启示［J］. 中国科技论坛（11）：155－160.

王冠一，2012. "彩虹之国"的能源决断［J］. 中国石油石化（18）：81－82.

王海芝，2006. 国内太阳能热水器在南非的应用推广和环境效益分析［D］. 北京：北京交通大学.

王华春，郑伟，2014. 南非矿山土地复垦立法及管理研究［C］. "资源环境承载力与生态文明建设"学术研讨会议论文集.

魏建明，等，2005 . 2004 年全球风电总装机容量增长了 20％［J］. 太阳能（4）：53－54.

温之雨，2020. 南非农业发展及科技合作模式探讨［J］. 农业技术与装备（6）：65－68.

夏吉生，2004. 新南非十年土改路［J］. 西亚非洲（6）：45－50.

夏新华，2002. 新南非环境立法与人权保护［J］. 湖南省政法管理干部学院学报（4）：19－22.

姚桂梅，2014. 南非经济发展的成就与挑战［J］. 学海（3）：31－37.

袁希平，等，2010. 南非草地牧业考察报告［J］. 中国牛业科学，36（2）：51－53.

哲伦，2009. 新兴国家土地管理畅谈系列之三——南非的土地问题与土地改革［J］. 资源与人居环境（10）：33－36.

中国出口信用保险公司，2013. 国家风险分析报告——南非［R］.

朱丕荣，1996. 南非共和国的农业与农村发展［J］. 国际社会与经济（8）：20－22.

朱轩彤，2011. 南非电力危机与中国—南非可再生能源合作［J］. 风能（4）：32－33.

Dirk Esterhuizen，Ross Kreamer，2012. 南非农业生物技术年报［J］. 生物技术进展，2（3）：221－230.

Department of Agriculture，Forestry and Fisheries，2013. Abstract of Agricultural Statistics of South Africa［EB/OL］. http：//www. doc88. com/p－9823778638365. html.

Agriseta Strategic Plan For 2013－2016，［2012－08］［EB/OL］. http：//www. agriseta. co. za/downloads/ssp/AgriSETA_Strategic_Plan_2013－2016. pdf.

Comprehensive Agricultural Support Programme，MAFISA，Ilima－Letsema，Landcare & new programmes：Department of Agriculture briefings［EB/OL］. https：//pmg. org. za/committee－meeting/14636/.

CSD‑11，2002 Johannesburg（WSSD）Plan of Action［EB/OL］. http：//www. un. org/esa/sustdev/documents/docs. htm.

Department of Agriculture，Forestry，Fisheries Annual Report［EB/OL］. http：//www. daff. gov. za/daffweb3/Resource‑Centre.

Department of Agriculture，Forestry and Fisheries，2011. South African Agricultural Production Strategy 2011—2025［EB/OL］. http：//www. daff. gov. za/doaDev/doc/ .

Department of Agriculture，Forestry and Fisheries，2014. Agriculture Budget Vote Speech 2014［EB/OL］. http：// www. daff. gov. za/docs.

DME，Eskom，CSIR，2001. South African Renewable Energy Resource Database［EB/OL］. www. csir. co. za/environmentek/sarerd/contact. html.

G Coetzee，F Meyser ，H Adam，2002. The financial position of South African Agriculture［EB/OL］. http：//ageconsearch. umn. edu/bitstream/18056/1/wp020007. pdf.

Gerald F Ortmann，Robert P King，2006. Small‑scale farmers in South Africa：Can agricultural cooperatives facilitate access to input and product markets（1）：15‑20.

Hall R ，Aliber M，2010. The Case for Re Strategising Spending Priorities to Support Small Scale Farmers in South Africa［EB/OL］. http：//dspace. africaportal. org/jspui/ bitstream/123456789/33529/1/WP17. pdf：1.

Herrmann Roland，Cathie John，1987. Agricultural price policy in the Republic of South Africa，the Southern African Customs Union，and food security in Botswana［EB/OL］Kiel Working Papers，No. 289. http：//econstor. eu/bitstream/10419/47082/1/255374895. pdf.

NDA（National Department of Agriculture），2007a. Comprehensive Agricultural Support Programme（CASP）：Background on CASP［R］. Presented at the National Review Meeting，Pretoria，20 February 2007.

Policy Brief On Agricultural Finance In Africa［EB/OL］. http：//www. ruralfinance. org/fileadmin/templates/rflc/documents/Policy_Brief_mfw4a. pdf.

Revitalising Agricultural Education and Training in South Africa［R］. （PDF）Revitalising Agricultural Education and Training in South Africa（researchgate. net）.

Sam Legare，Agriculture Trade Performance Review（ATPR）‑South Africa's Agriculture，Forestry and Fisheries Trade Performance during Quarter Four of 2010［EB/OL］. http：//www. nda. agric. za/doaDev/sideMenu/internationalTrade/docs/itrade/SA _ DAFF _ TradePerfomanceReview_Q4of2010. pdf.

Sandrey R. et al，2011. Agricultural Trade and Employment in South Africa［EB/OL］. OECD Trade Policy Working Papers，No. 130，OECD Publishing. http：//dx. doi. org/10. 1787/5kg3nh58nvq1‑en.

South Africa Investment Incentives［EB/OL］. http：//www. sadc. int/information‐services/ tax‐database/south‐africa‐investment‐incenti/.

UK，DTI，1999. Estimates of Renewable Sources of Energy are to Meet World Energy Consumption［EB/OL］. www. dti. gov. uk/.

图书在版编目（CIP）数据

南非农业 / 蒋和平等著. —北京：中国农业出版
社，2021.12
（当代世界农业丛书）
ISBN 978-7-109-28326-8

Ⅰ.①南…　Ⅱ.①蒋…　Ⅲ.①农业经济－研究－南非
共和国　Ⅳ.①F347.8

中国版本图书馆 CIP 数据核字（2021）第 108824 号

**南非农业**
**NANFEI NONGYE**

中国农业出版社出版
地址：北京市朝阳区麦子店街 18 号楼
邮编：100125
出版人：陈邦勋
策划统筹：胡乐鸣　苑　荣　赵　刚　徐　晖　张丽四　闫保荣
责任编辑：姚　红
版式设计：王　晨　责任校对：吴丽婷
印刷：北京通州皇家印刷厂
版次：2021 年 12 月第 1 版
印次：2021 年 12 月北京第 1 次印刷
发行：新华书店北京发行所
开本：787mm×1092mm　1/16
印张：13
字数：220 千字
定价：68.00 元